看漫畫學MBA學

從9部大家熟知的漫畫學習MBA知識入門

上野豪——著
GLOBIS MBA漫畫研究會 編著
張瑜庭——譯

神マンガのストーリーで学ぶMBA入門

書泉出版社 印行

前言

當我們步入社會、進入職場，全力以赴挑戰工作，從中反覆歷經失敗和成功，在這過程中，便以商務人士之姿，逐漸成長茁壯。

透過公司的員工訓練或是前輩、主管的教導，我們能逐漸學會如何工作，但幾乎很少有機會，去學習整個商業的基本構造與架構概念、方法論。

我在三十幾歲以前，都是照自己的方式工作，但常常事倍功半，對於公司文化和考評制度也多有不滿。現在拿起這本書的你，想必也有過同樣的心情吧？

當時徬徨無措、不知從何著手的我，決定到外面的商學院學習商業方法論。所謂的商業方法論，就像象棋或圍棋的致勝方法，在商場上，同樣也有取得勝利的基本方法。

截至二〇二〇年八月，我所就讀的ＧＬＯＢＩＳ經營研究所已有五千四百三十七名畢業生，每年約有一千一百五十名新生入學，是全世界規模最大的商學院。日本每年約有兩千五百人進入商學院就讀，由此可見該校的規模之大。

有別於證照專班，從商學院畢業的人會取得學位，成爲工商管理碩士（ＭＢＡ）。

不過，至少在ＧＬＯＢＩＳ經營研究所，沒有人是爲了取得學位才來讀ＭＢＡ的。大家都是爲了有所成長、爲了挑戰新事物，或是因爲目前的工作面臨困境，正在尋找解決方法，也有人是爲了徹底認識ＭＢＡ的用途，而前來就讀。

這個「用途」可以連結到ＧＬＯＢＩＳ經營研究所重視的「志向」。

本書將從漫畫切入，闡述商業方法論的ＭＢＡ基礎知識。

本書並非以漫畫形式解說ＭＢＡ知識，而是透過市面上大家熟知的漫畫情節，來解說ＭＢＡ的要點，並提供在商業場合上的活用方法。

我在讀ＭＢＡ的時候做了「漫畫中描繪了所有ＭＢＡ知識」的研究。日本的漫畫發展歷史悠長，且建立了多個札實根基，漫畫儼然已成爲日本的代表文化。如今不論男女老少，連同商務人士在內，都有喜愛閱讀漫畫的讀者。

漫畫的特色是攜帶方便、容易閱讀，著重於視覺效果的呈現，不僅激發讀者的想像力，也讓讀者輕鬆理解故事內容，可說是相當優秀的媒介。

因此，如果從漫畫作品中找出ＭＢＡ的要點加以介紹，勢必能比商管書觸及到更廣泛的族群，也更容易淺顯易懂地傳達商業方法論。

實際上，根據我的研究結果，有八成的商務主管自認「有對工作產生影響的漫畫」。我分析這些訪問內容，將漫畫帶來的效果和影響分爲六種，稱爲6M。

意志

①志向本身
②志向的重要性
③價值觀

技能

④資訊
⑤方法

能量

⑥活力

我依照ＭＢＡ的基礎課程內容，將這些方法和志向具體篩選與分類，精挑細選出以下可實際運用於職場的概念。

基礎思考力

邏輯思考×《名偵探柯南》

思考能力是所有課程與工作都需要的基礎能力。具備思考能力的人，可以自己設定問題，順利導出解決方法，也不會在工作中迷失自我。

這部作品的主角柯南，善用邏輯思考進行推理，一步一步推導出兇手。讀者可以和《名偵探柯南》一起推理，習得邏輯思考能力。

商品課程

行銷×《境界觸發者》

行銷是思考並採取各式各樣的行動，來促使顧客購買商品或服務。所有部門都和行銷有關係，舉個例子來說，因爲顧客喜歡新鮮的啤酒，所以公司想辦法加快啤酒從工廠出貨的速度，這時的物流部門就和行銷緊密相關了。

《境界觸發者》中登場的角色都會徹底分析對手，擬定戰術並發揮技巧。讀者可從中學習基本行銷知識。

人力課程

人才管理策略×《獵人》

人才管理策略指的是公司在執行經營策略時，所整合的人力制度與架構。《獵人》中的獵人協會和幻影旅團擁有如公司般的組織結構，我將以它們爲例子，解說公司組織的人才管理策略。

透過這堂課，可以了解公司的制度與架構的意義與目的，也能釐清自己在公司組織中的定位與職責。

領導能力×《逆轉監督GIANT KILLING》

應該有不少人認爲自己大概理解什麼是領導能力吧。這堂課會依照領導者的職責與達成的目標，介紹不同的領導類型。

《逆轉監督GIANT KILLING》描寫足球監督 如何發揮領導能力，挽救降級邊緣的足球隊，締造出好成績。讀者可參考這部作品，學習領導方法。

主管關係管理×《宇宙兄弟》

員工總會煩惱與主管的關係。從主管關係管理可以學到如何主動掌控與主管的關係，讓團隊交出漂亮的成績單。

《宇宙兄弟》的主角六太，總是被有個性的主管找碴，我們將解讀他如何在逆境中運用主管關係管理，帶領團隊完成超乎想像的成果。

財務課程

會計學×《只有神知道的世界》

會計學不單只是製作財務報表和營收計算，還能活用於策略和營運，利用數字確實解析公司的現況。

《只有神知道的世界》描寫主角將戀愛化為數值，不憑藉直覺或運氣，而是運用數字與分析，找出吸引女生的行動。讀者可從中學習會計學的本質。

財務管理×《Dr. STONE 新石紀》

財務管理用來判斷接下來的事業在現金基礎上能否獲利。進行判斷時，會考量籌措資金的成本和長期預估情況。

《Dr. STONE 新石紀》中的角色會評估未來的收穫，投入並運用有限的資源來發展科學。透過這部作品，可以認識籌措資金與投資時的資金流動，學習如何判斷和衡量事業的優劣。

經營策略

經營策略×《排球少年!!》

經營策略講述的是綜合考量人力、商品、財務面，從擬定到執行策略，讓公司或事業，長期持續獲得勝利。

讀者可從《排球少年!!》認識何謂經營策略，學習擬定求勝策略所需的分析、架構、執行過程。

心志課程

志向×《ONE PIECE航海王》

人們願意立誓花上一段時間賭上人生追求的事物，稱為「志向」。我們為什麼要做現在的工作？目標又是什麼？一切的動力來源、工作動機，都出自我們的志向。

《ONE PIECE航海王》的主角魯夫，立志成為海賊王，從這部作品可以了解何謂志向，以及志向的重要性。

將以上列舉的MBA課程做成圖示，可以得到左頁的金字塔圖。你會發現這些課程並非各自不相干的知識，而是互相作用而形成的一套理論。

閱讀本書可以發現平常熟悉的漫畫有不同的樣貌，從中獲得學習商業基礎的全新閱讀體驗，我想這對於喜愛的漫畫來說，也是另一種回饋。

另外，我衷心期待各位能從本書與漫畫中，習得對工作有幫助的具體技能，提升

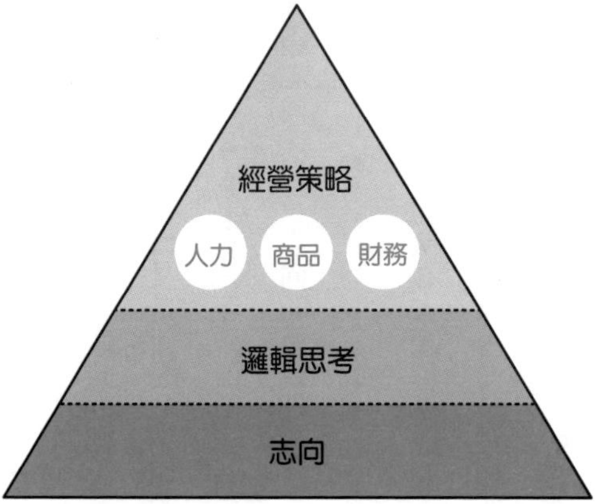

自我能力，並且活用到實際的工作中。

透過本書學習的ＭＢＡ商業方法論只是ＭＢＡ的一小部分，是基礎中的基礎。ＭＢＡ中還有更多博大精深的課程可以深入認識。

如果你因爲閱讀本書而開始覺得工作變得有趣，對ＭＢＡ產生了興趣，請你繼續學習ＭＢＡ，以完成下一階段的志向。我相信你的人生一定會變得不一樣。

接下來，請一手拿起本書，另一手拿漫畫，打開商業的世界吧！

Chapter 1 從《名偵探柯南》學習邏輯思考

Chapter 2 從《境界觸發者》學習行銷

Chapter 3 從《獵人》學習人才管理策略

Chapter 4 從《逆轉監督GIANT KILLING》學習領導能力

Chapter 5 從《宇宙兄弟》學習主管關係管理

Chapter 6 從《只有神知道的世界》學習會計學

Chapter 7 從《Dr. STONE 新石紀》學習財務管理

Chapter 8 從《排球少年!!》學習經營策略

Chapter 9 從《ONE PIECE航海王》學習「志向」

Chapter 1

從《名偵探柯南》學習邏輯思考

你所說的話真的傳達給對方了嗎？

本章整體說明圖

《名偵探柯南》

● 作者：青山剛昌
● 出版社：小學館

故事大綱

活躍的高中生偵探工藤新一與他的青梅竹馬毛利蘭約會時，目擊了神祕的黑衣男子進行交易的現場。新一覺得很可疑，便獨自追查那些黑衣男子，打算拍下他們正在交易的證據，卻被他們發現而強行遭灌毒藥，變成了小學生的模樣。

新一不知道怎麼變回原本的樣子，便隱藏身分，化名為「江戶川柯南」，寄住在小蘭家中，與小蘭和其父親——毛利小五郎偵探，三人共同生活。在得知新一身分的阿笠博士的協助下，「柯南」憑藉著與生俱來的推理能力，一邊解決接連發生的案件，一邊追查黑衣男子的行蹤。

Logical thinking

1

邏輯思考是為了順利傳達自己的主張

「你真的是新一!?」

阿笠博士（第一集　第五十四頁）

人物相關圖

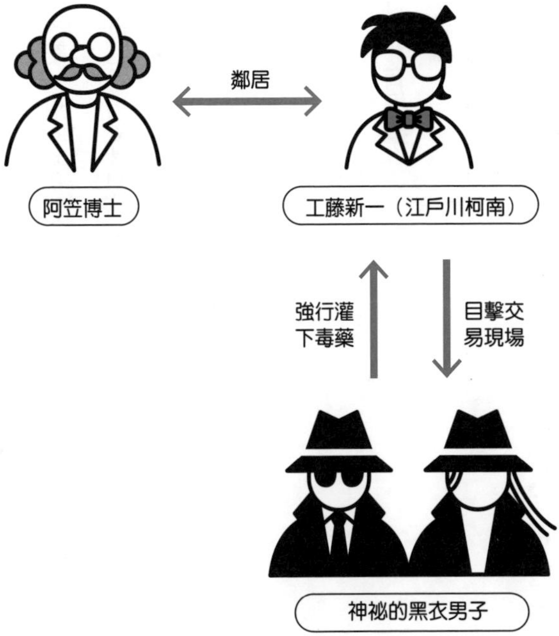
鄰居
阿笠博士
工藤新一（江戶川柯南）
強行灌
下毒藥
目擊交
易現場
神祕的黑衣男子

什麼是邏輯思考？

當你聽到「邏輯思考」，你會想到什麼？照字面解釋的話，就是「有邏輯性的思考」，但究竟什麼樣的思考方式才是有邏輯性呢？

簡單來說，就是**「有根據地引導出主張或結論的思考方式」**。根據？主張？也許你會覺得有點困難，那我舉個例子，假設你要買衣服，自然而然想說「因爲想確認尺寸合不合適，所以就試穿看看吧」。

- 想確認尺寸合不合適＝**有根據**
- 試穿看看＝**主張或結論**

這就是「邏輯思考」。邏輯思考是我們平常就很理所當然使用的思考方式，將這「理所當然」的思考方式帶進工作現場，就能順利推動工作。

容易傳達自己的主張給對方，並達成目的

新一遭到神祕男子強灌毒藥，變成了小學生，雖然他總算是走回了自己的家，卻因爲身高不夠，無法打開上鎖的大門。這時，住在隔壁的阿笠博士剛好出門，看見眼前的小學生，當然無法相信這個小學生就是新一。

所以，新一想方設法要讓阿笠博士相信自己就是新一。因爲外表無法取信於人，於是新一當場展現了他的邏輯思考能力，強化他的說服力，積極主張自己這個年幼的小學生就是高中生偵探工藤新一。

新一從阿笠博士的外觀，就立刻注意到阿笠博士是在雨中從餐廳「哥倫波」匆匆趕回家的，於是便將這個結論告訴阿笠博士。阿笠博士很驚訝眼前這個人講中事實，然後新一告訴阿笠博士，自己是根據以下三點得知的。

- **主張**：阿笠博士從餐廳「哥倫波」匆匆趕回家
- **根據①**：衣服只有正面淋溼，背面沒有溼⬇博士在雨中奔跑，而且原先位於可奔跑回家的距離。
- **根據②**：腳邊沾上飛濺的泥巴⬇附近會沾上泥巴的路，只有「哥倫波」周圍的道路施工現場。
- **根據③**：嘴角邊沾到「哥倫波」特製的肉醬⬇博士剛才在「哥倫波」吃義大利肉醬麵。

阿笠博士看著新一流暢地講出這些根據，才終於開始相信他主張的「眼前的小學生就是高中生偵探工藤新一」。

邏輯思考是有用的技能

想要表達意見時，經過邏輯思考再發言，能讓對方更容易理解。反過來說，如果不經過邏輯思考，旁人可能無法理解你說的話，你就無法得到他們的協助。

人會在意話中的含意，但常常不會注意到其中的思路。不妨在日常會話或用社群帳號發文時，練習注意主張和根據吧。這個練習有助於你發現自己習慣的思考方式，也能學習使用邏輯思考。

重點

邏輯思考可以靠平時注意「主張」和「根據」的關係來訓練。

Logical thinking

2

「現在應該思考的事情」是什麼？

「但是，如果那毒藥……實際上並未放在膠囊內的話呢？」

江戶川柯南（第八集　第一百七十三頁）

人物相關圖

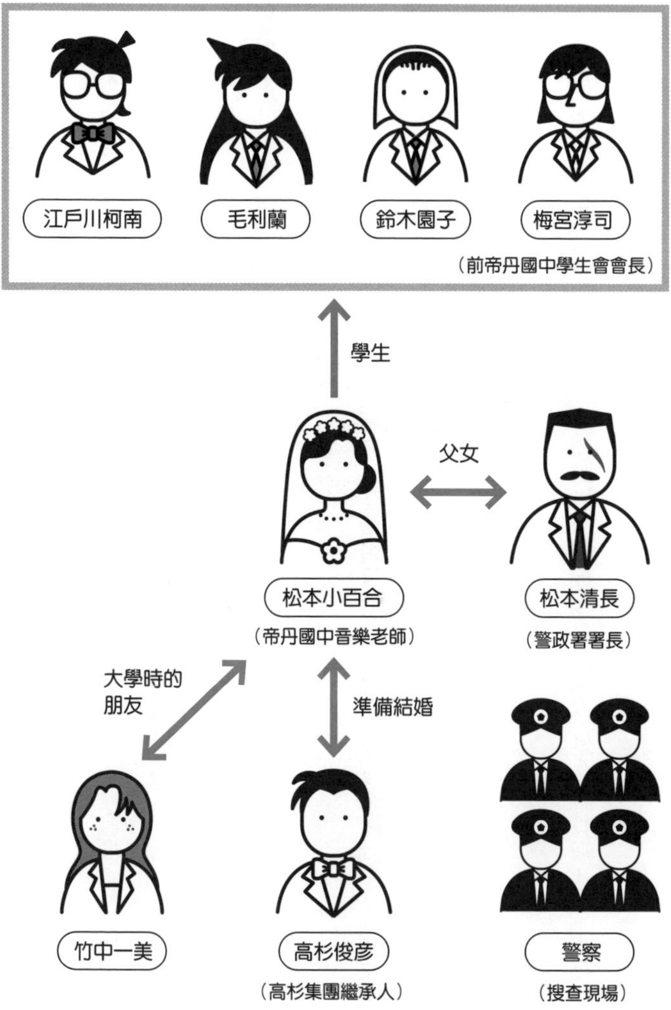
江戶川柯南
毛利蘭
鈴木園子
梅宮淳司
（前帝丹國中學生會會長）
學生
父女
松本小百合
（帝丹國中音樂老師）
松本清長
（警政署署長）
大學時的
朋友
準備結婚
竹中一美
高杉俊彥
（高杉集團繼承人）
警察
（搜查現場）

「眼前的問題」不是課題

如果思考方向不對，即使有根據地推導出主張或結論也無用。能發揮重要作用的才是「**課題（issue）**」，也就是「**現在應思考並推導出結論的問題**」。

在行動之前，必須先設定好課題，找到「自己現在應該思考的事情」，否則可能會造成意外的失誤，或是白白浪費時間。

松本小百合老師（以下稱「老師」）在新娘休息室裡喝了檸檬茶後倒下。裝著檸檬茶的罐子隨著老師倒下而掉落，裡頭混有毒藥的檸檬茶灑出，還浮出半溶解的膠囊。後來在警察的搜查下，得知膠囊溶解讓內容物滲入的時間大約需要十五至十六分鐘。

如果你是人在現場的柯南，你認爲應思考的課題是什麼？是「誰有辦法在十五分鐘至十六分鐘前，混入毒藥？」還是「爲什麼老師要自殺？」呢？

如果從眼前的資訊挑選容易思考的事情當作課題，那麼該課題本身可能就有誤。

其實，毒藥並沒有藏在膠囊裡。這是兇手計畫的障眼法，企圖讓警方將搜查焦點轉移到十五分鐘至十六分鐘前，有機會混入毒藥的人身上。

說穿了，「十五分鐘至十六分鐘前，混入裝有毒藥的膠囊」只是從現場看到的資訊，使人往最容易推測的方向進行推理，但現在眞正必須思考的，其實是「事件的眞相」。柯南想的不是容易思考的課題，而是「這個狀況是怎麼發生的？」，並基於此課題，冷靜地蒐集資訊。

將現場的狀況整理成下一頁的圖，就能知道只將案發時看見的資訊當作課題有多危險。爲了破案，不能只排列整理眼前的要素，而是**必須釐清眼前的事情如何發生**。

柯南推導出「毒藥並未裝在膠囊裡」，在發表推理結果時，說出了本節開頭的那句台詞。在設定課題時，請多問問自己，確認自己不是將當下看到的事情當作課題。

設定課題的能力可以練習

在案發現場會接收到大量資訊，因此要設定課題、找出「自己現在應該思考的事情」是相當困難的。

而商業場合上也常有必須處理大量資訊的時候，假如此時弄錯課題，就算事後耗費時間思考，也可能是白費一場。

首先，重要的是注意**「自己現在應該思考的事情是什麼」與「課題是什麼」**。

剛開始可能會弄錯課題，事後再回頭檢討「這次的工作真正應該思考的事情」，就能漸漸學會設定課題。請記住，平時就要注意「課

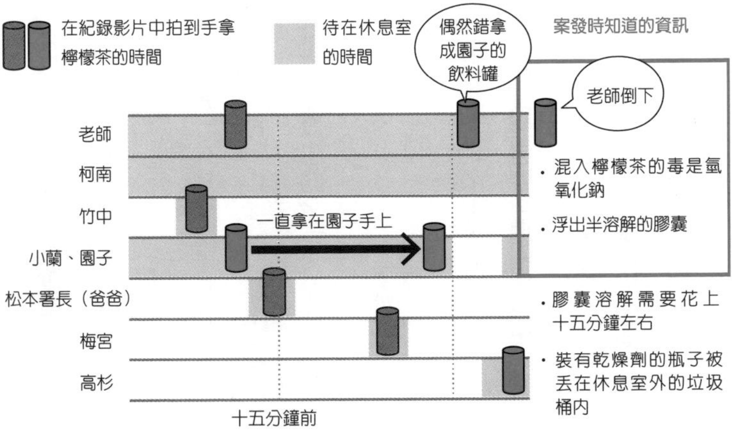

題是什麼」。

重點

設定錯誤的課題，就要多走冤枉路才能解決問題。

「怎麼會有多餘的時間把房間弄得這麼亂？」

江戶川柯南（第七集　第十一頁）

人物相關圖

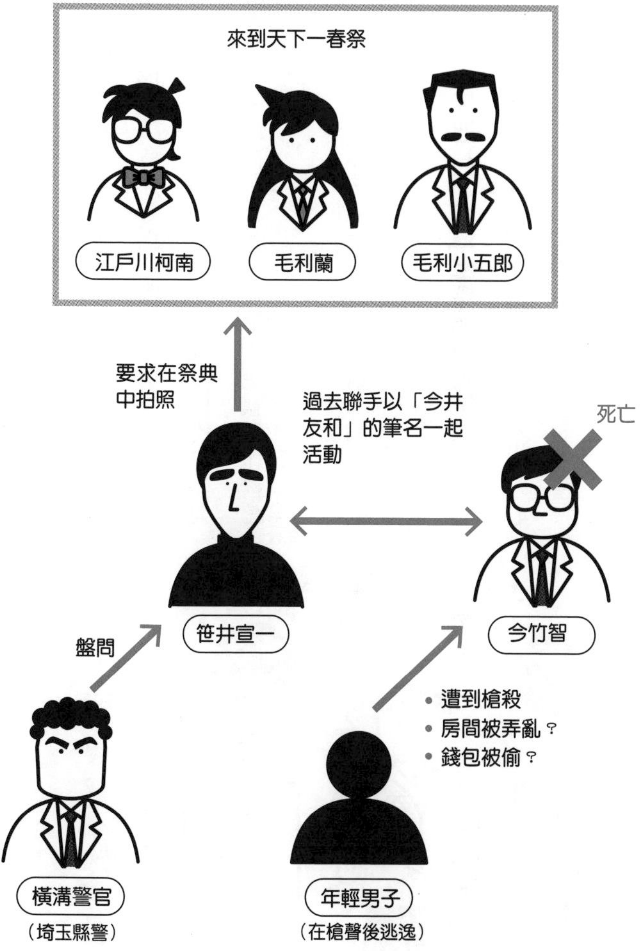
來到天下一春祭
江戶川柯南
毛利蘭
毛利小五郎
要求在祭典中拍照
過去聯手以「今井友和」的筆名一起活動
死亡
笹井宣一
今竹智
盤問
• 遭到槍殺
• 房間被弄亂？
• 錢包被偷？
橫溝警官
（埼玉縣警）
年輕男子
（在槍聲後逃逸）

框架是讓對方支持個人主張的工具

當你和朋友在看體育節目，朋友突然丟出一句「那個選手很優秀」，你會有什麼想法？你應該會好奇爲什麼朋友這樣想吧。如果朋友說的是「那個選手的心態、技巧、體力都很好，所以很優秀」，你是不是就會比較認同呢？

在傳達「那個選手很優秀」這一個主張或結論時，朋友以「心態、技巧、體力」作爲根據。像這樣**把為了推導出結論而蒐集來的多個根據集合起來，就稱為「框架」**。如果「心態、技巧、體力」這個框架能充分導向「選手很優秀」的結論，那這就是個合適的框架。

什麼是「優秀的選手」？

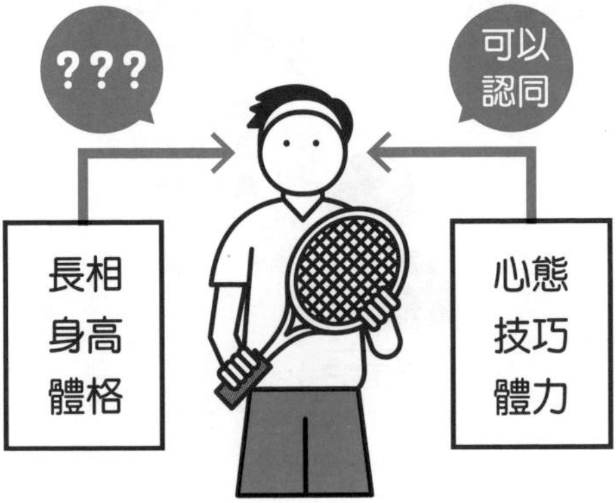

合適的框架才能解決問題

框架有助於強化在案發現場推導出的結論。

柯南一行人來到「天下一春祭」，正在幫笹井宣一拍攝寫作用的資料照片時，橫溝警官前來問話，原來與笹井同爲作家的老朋友今竹遭到殺害。

來到現場，小五郎看見滿地散落的物品，便早早推斷「這很可能是一樁強盜殺人案」，小五郎腦中的思路一定是如下圖這般吧。

小五郎並未善用框架思考，只將從現場

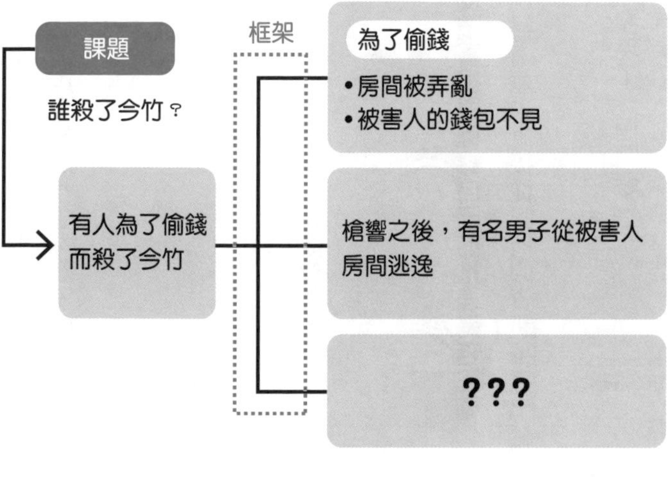

課題
誰殺了今竹？
有人為了偷錢而殺了今竹
框架
為了偷錢
•房間被弄亂
•被害人的錢包不見
槍響之後，有名男子從被害人房間逃逸
???

得知的資訊組合起來推斷出結論。雖然有些時候，眼前所見所聞即可成爲合適的框架，但這是案發現場，事情眞的有這麼單純嗎？沒有其他應該考量的事了嗎？橫溝警官似乎就不認同如此簡單的推理。

合適的框架有助於統整和驗證資訊

另一方面，柯南將課題設爲「這個狀況如何發生」，並如下頁圖般思考框架、蒐集資訊。

柯南**將現場的案發過程視為框架來思考，反覆審視與確認自己的推理是否正確，並順著這個框架蒐集資訊**。與小五郎不同的是，柯南並未直接從眼前的資訊推導出結論。

柯南統整狀況後，在對照①和②的狀況時，發現了一個問題。

從現場的狀況來看，被害人倒在門口的附近，因此可以推測被害人是在開門後立即遭槍擊身亡。然後，在槍響後不到一分鐘，就有人目擊到一名男子從被害人的房間逃逸。這麼一來，兇手便是在這一分鐘的時間內將房間弄亂，並找到錢包而逃離現場。

如果優先尋找包包的話，也許就能找到錢包。但是，要在一分鐘之內將兩人入住的房間翻箱倒櫃，應該很有難度。柯南發現了這個矛盾點，說出本節開頭的那句台詞。

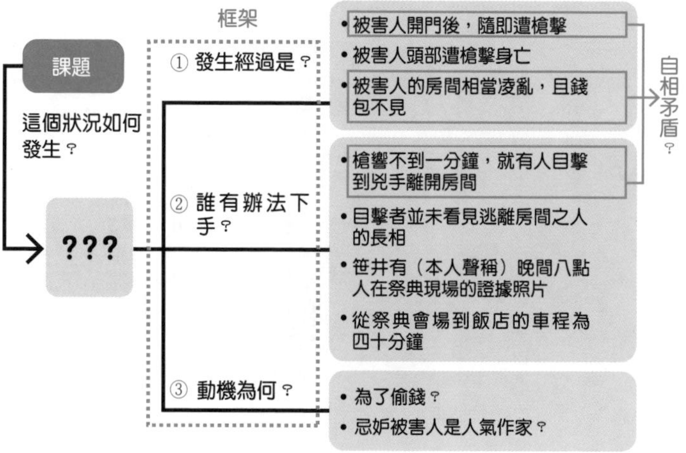

框架
課題
這個狀況如何發生？
???
① 發生經過是？
② 誰有辦法下手？
③ 動機為何？
• 被害人開門後，隨即遭槍擊
• 被害人頭部遭槍擊身亡
• 被害人的房間相當凌亂，且錢包不見
• 槍響不到一分鐘，就有人目擊到兇手離開房間
• 目擊者並未看見逃離房間之人的長相
• 笹井有（本人聲稱）晚間八點人在祭典現場的證據照片
• 從祭典會場到飯店的車程為四十分鐘
• 為了偷錢？
• 忌妒被害人是人氣作家？
自相矛盾？

在商業場合上，如果像小五郎般，只組合眼前的資訊來推導出結論，想必會遭對方懷疑「是否真的思考過」吧。

面對課題的時候，不要迅速推導至結論，試著先善用框架統整根據吧。這麼做不僅有助於自己說明，也容易回答旁人的疑問，更有機會得到對方的認同。

重點

善用框架蒐集並統整根據，推導出自己和對方都能認同的結論。

Chapter 2

從《境界觸發者》學習行銷

你能想像顧客的心情嗎？
我想要簡單的東西，因為看說明書很麻煩……
顧客
最新型！
最新型？
多功能？
顧客想要的是什麼？
多功能！
最便宜！
你（自家公司）
別家公司

本章整體說明圖

《境界觸發者》

● 作者：葦原大介
● 出版社：集英社

故事大綱

某日起，三門市開始遭受來自異世界的「近界民」入侵和攻擊。當時拯救市民不受近界民危害的人成立了名為「BORDER」的防衛組織，每天保護市民的安全。

某天，BORDER隊員三雲修遇見了自稱是近界民的少年——空閑遊真。修並沒有把遊真視為侵略者，而是和遊真共同行動。後來，遊真成為BORDER的一員，與修等人組隊，隊名為「玉狛第二」。

之後，近界國家之一的「阿夫特克拉托爾」大規模侵略三門市，修等人與遊真還有BORDER隊員同心協力，成功阻擋了他們的侵略，但卻有數十名BORDER隊員遭擄走。BORDER計畫選拔遠征隊伍，前往阿夫特克拉托爾救回同伴。為了通過選拔，修等人參加名為「排名戰」的隊員模擬戰，在連日的戰鬥裡精進成長。

「中大獎啦。」

諏訪洸太郎（第十一集　第十四頁）

人物相關圖

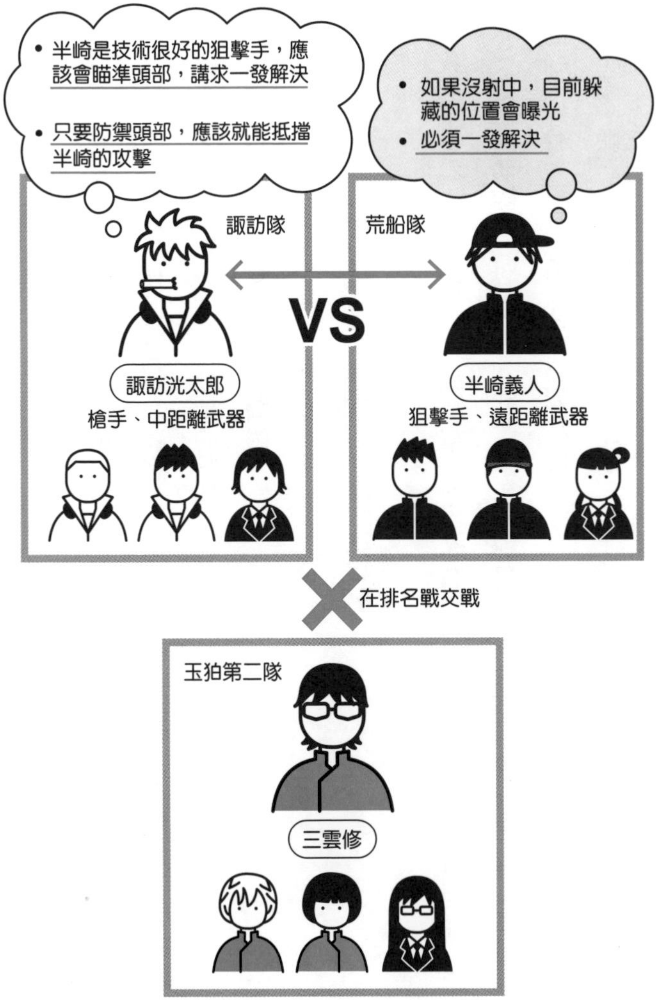
• 半崎是技術很好的狙擊手，應該會瞄準頭部，講求一發解決
• 只要防禦頭部，應該就能抵擋半崎的攻擊
• 如果沒射中，目前躲藏的位置會曝光
• 必須一發解決
諏訪隊
荒船隊
VS
諏訪洸太郎
槍手、中距離武器
半崎義人
狙擊手、遠距離武器
在排名戰交戰
玉狛第二隊
三雲修

行銷是貼近生活的事

你對行銷有什麼想法？你覺得行銷很難嗎？你是不是覺得行銷和自己沒關係呢？

行銷在商業現場的任何時刻都不缺席，是相當貼近生活的事。舉個例子來說，你要打電話給客戶時，會避開客戶繁忙的時間。這個微小的行爲也含有行銷的要素。

所謂行銷，就是**從替對方著想開始**。

當對方改變，自己也要改變所採取的行動

我們來看看《境界觸發者》的故事。在排名戰中，狙擊手半崎隊員（以下稱「半崎」）瞄準諏訪隊員（以下稱「諏訪」）的頭部狙擊。這是被擊中一發，就無法再戰鬥的強力攻擊，而且必須在事前預測位置，才有辦法抵禦。

不過，諏訪漂亮地抵擋住半崎的攻擊。爲什麼他有辦法做到呢？

狙擊手會隱藏自己的位置狙擊敵人，所以狙擊手以外的隊員，通常會準備能覆蓋全身的防禦盾，以抵禦可能來自四面八方的狙擊。但是，盾的覆蓋範圍越大，防禦力就會越弱，如何決定哪個部位佈下多少防禦，全憑各隊員的本事。

半崎在狙擊手訓練的排名中，位居第四名，實力堅強。諏訪預測「即使難度很高，半崎仍會選擇瞄準頭部，講求一發解決」，所以將覆蓋全身的薄盾全集中到頭部，藉此增加盾的厚度。

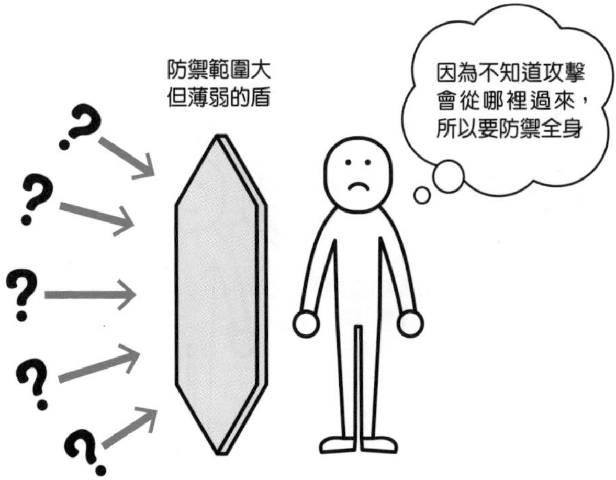
防禦範圍大
但薄弱的盾
因為不知道攻擊
會從哪裡過來，
所以要防禦全身

諏訪隊漂亮地擋住半崎的攻擊，並成功使半崎的位置曝光，讓戰況朝著對自己有利的方向前進。本節開頭那句諏訪的台詞「中大獎啦」，就是他完美料中半崎的行動之後，所說的話。

站在對方的立場思考，就能建立自己所期望的情境

如同諏訪預測半崎的行動，將結果導向自己所期望的走向一般，在商業現場，若對消費者或客戶有所了解並預測他們的行爲，就能建立自己所期望的情境，使客

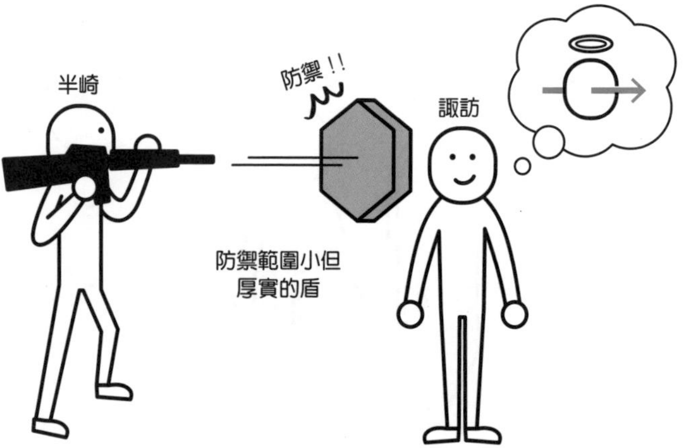

戶購買自家商品。

例如：購物網站寄送的郵件中，寫道「你是否少買了什麼？」或是「買這款商品的人也買了……」，就是從顧客購買的商品以及購買頻率來預測下次的行爲。在適當的時機提供適當的資訊，能提高顧客的購買欲望。

要讓顧客購買自家商品，第一步就是要了解顧客。你的顧客又是什麼樣的人呢？

重點

行銷始於替顧客著想之後的行動。

「在抵達阿夫特克拉托爾以前，修斯必定能成為一大助力。這樣，還不足以算是帶修斯去的理由嗎？」

三雲修（第十七集　第一百二十七頁）

人物相關圖

玉狛第二隊
修斯
三雲修（隊長）
襲擊 BORDER 總部所在地三門市的近界國家「阿夫特克拉托爾」的一員。在襲擊時遭到俘虜。擁有豐富的戰鬥經驗，戰鬥力高。
必須經過同意才能加入
BORDER 總部
不相信近界民
想讓遠征成功
城戶正宗

就算是「完美的商品」，無法傳達給對方就沒有意義

熱銷的商品背後，有四個重要的要素支撐商品價值（概念）。這四個要素分別是**產品（Product）**、**價格（Price）**、**通路（Place）**、**推廣（Promotion）**，由於全都是「P」開頭的單字，因此又稱爲**「行銷4P」**。爲了有效傳達商品價值、吸引顧客購買，必須考慮這四個要素。

假設要將贈禮用的高級蘋果包裝成自用的微奢侈品，將目標鎖定在家庭客群時，該怎麼做才能吸引他們購買？請思考顧客會買單的商品價值以及行銷4P，如下頁圖般整理並反覆檢討改善。

行銷4P必須與商品價值吻合

思考行銷4P時，應將重點放在能提高商品價值的內容，而且行銷4P的內容不能和商品價值有所矛盾。思考行銷4P的目的是「將商品價值傳達給顧客，吸引顧客

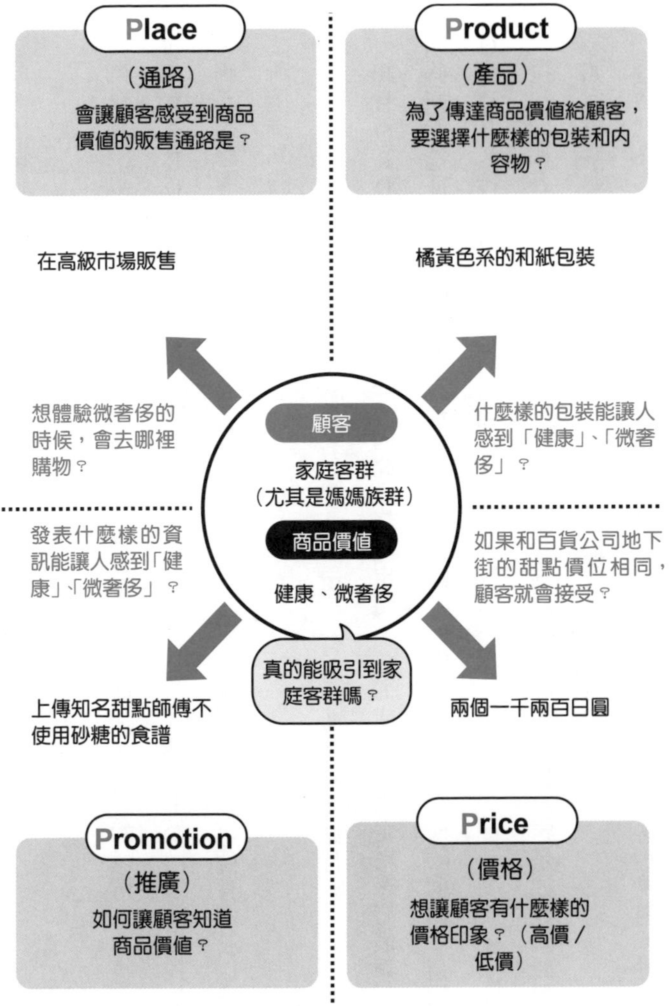
Place
（通路）
會讓顧客感受到商品價值的販售通路是？
在高級市場販售
想體驗微奢侈的時候，會去哪裡購物？
Product
（產品）
為了傳達商品價值給顧客，要選擇什麼樣的包裝和內容物？
橘黃色系的和紙包裝
什麼樣的包裝能讓人感到「健康」、「微奢侈」？
顧客
家庭客群
（尤其是媽媽族群）
商品價值
健康、微奢侈
真的能吸引到家庭客群嗎？
發表什麼樣的資訊能讓人感到「健康」、「微奢侈」？
上傳知名甜點師傅不使用砂糖的食譜
Promotion
（推廣）
如何讓顧客知道商品價值？
如果和百貨公司地下街的甜點價位相同，顧客就會接受？
兩個一千兩百日圓
Price
（價格）
想讓顧客有什麼樣的價格印象？（高價／低價）

購買」，因此行銷4P的內容必須能表現出商品的價值。

來看看漫畫中的例子吧。修為了讓原為敵方戰力的修斯加入自己的隊伍，面臨必須前往BORDER總部簡報的狀況。至今的BORDER基本上不同意近界民加入，修必須思考該如何說服BORDER總部這名顧客，讓總部接納這個有別於以往方式所挖掘到的「商品」。

修斯最明顯的商品價值是「戰鬥力高」，但那只有對修他們來說具有吸引力，無法引起BORDER總部的興趣。因此，修決定將「遠征成功」設定為核心價值，說明修斯對遠征途中的國家瞭若指掌，「遠征路上的安全」就是修斯的價值，這對BORDER總部而言，可是價值連城。

這次的顧客是城戶司令，他對近界民抱有強烈的不信任感。修一定是如左圖般思考，如何將修斯的價值傳達給城戶司令，並且獲得城戶司令的同意。

這個世界上的好東西很多，即使你的商品本身品質優良，仍必須精心規劃，將商

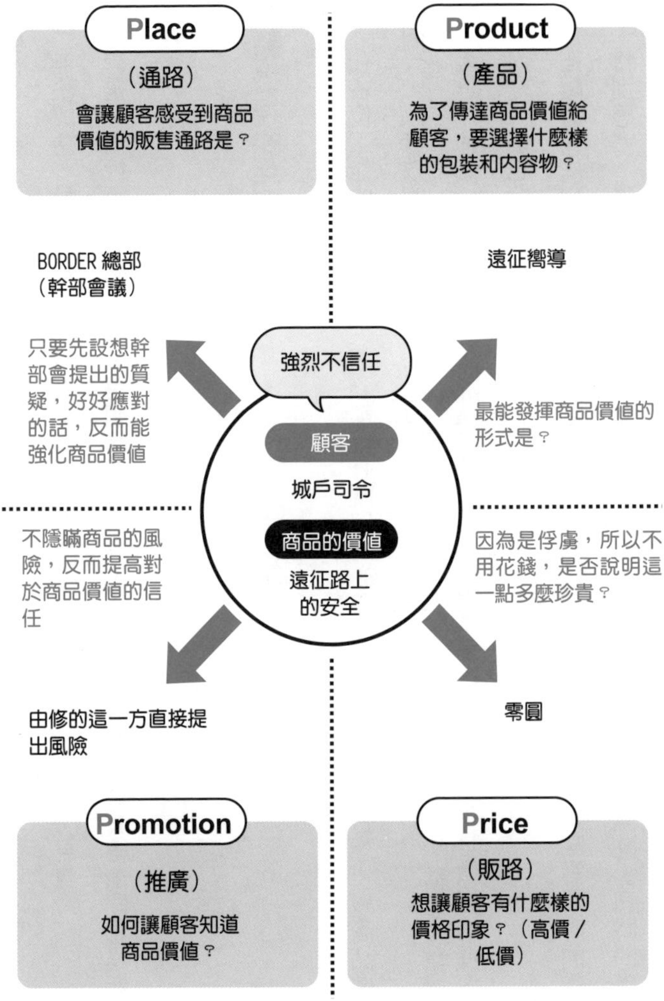
Place
（通路）
會讓顧客感受到商品價值的販售通路是？
Product
（產品）
為了傳達商品價值給顧客，要選擇什麼樣的包裝和內容物？
BORDER 總部（幹部會議）
遠征嚮導
只要先設想幹部會提出的質疑，好好應對的話，反而能強化商品價值
強烈不信任
顧客
城戶司令
商品的價值
遠征路上的安全
最能發揮商品價值的形式是？
不隱瞞商品的風險，反而提高對於商品價值的信任
因為是俘虜，所以不用花錢，是否說明這一點多麼珍貴？
由修的這一方直接提出風險
零圓
Promotion
（推廣）
如何讓顧客知道商品價值？
Price
（販路）
想讓顧客有什麼樣的價格印象？（高價／低價）

品的價值與魅力傳達給顧客。對於強烈不相信近界民的城戶司令，光說明「戰鬥力高」無法成功，只是直接說「他能成爲遠征嚮導」也無法獲得城戶司令首肯。

修是按照行銷4P的方法，說明修斯的價值，成功讓BORDER總部同意修斯入隊。

重新檢視商品的「價值」，可以找到賣出商品的方法

在各位工作的公司中，大部分都已有既定的商品。而行銷就是針對想要該商品價值的人，以有效的方式傳達商品魅力，將商品送到對方手上。

最近，連鎖的迴轉壽司店的外帶商品中，出現了手捲壽司組。不是做好的握壽司，而是分別包裝的醋飯和食材。

迴轉壽司店提供給顧客的商品價值不只「輕鬆吃壽司」，還有「吃壽司時的雀躍、特別感」。現在是必須減少外出的時期，爲了讓兒童客群感受到「吃壽司時的雀

躍、特別感」這樣的商品價值，便在產品（Product）上做了調整。

如果你想知道每天經手的商品目前的行銷４Ｐ是否合適，請先思考該商品能帶給顧客什麼樣的好處，而那就是商品的價值所在。

接著，請確認這個價值應該以什麼樣的行銷４Ｐ送到顧客手上。在思考過程中所產生的疑問，說不定將能提示你更好的行銷４Ｐ。

重點

要想出合適的行銷４Ｐ，首先要思考你希望商品帶給顧客什麼樣的影響。

專欄

運用顧客旅程來尋找機會

剛才介紹的「行銷4P」，是爲了對顧客展現自家商品的魅力而使用的工具，無論任何情境都能發揮一定的作用，是相當萬用的架構。只要稍微改變一些配置，就能將自身狀況套用上去。基本上能用在各種領域，請務必學會它，並使用看看。

不過，近年社群軟體發達，人們已習慣持續接收新的資訊。如果在他們睡前問「今天看了哪些文章、影片或廣告」，大概大部分都不記得了吧。

要是你的公司沒在對的時機運用對的媒介，將自家資訊發布出去，那不只是無法讓顧客記住，還會白費所花的成本和勞力。

◆透過顧客旅程觀察你的顧客

這時，你可以使用的工具是**「顧客旅程」**，將顧客的行動和心境，按照時間軸列出來。將顧客旅程編列成資料後，稱為**「顧客旅程地圖」**。

運用顧客旅程，有助於了解顧客，在適當的時機，將適當的訊息傳達給顧客。

接下來，就以漫畫中登場的人物心境變化當作例子，來看看顧客旅程的內涵吧。

BORDER捕獲敵方的修斯，將修斯當作俘虜。修斯起初不信任BORDER，因此也完全不相信BORDER隊員迅悠一所說的任何一句話。但是，在與負責照顧自己的林藤陽太郎互動的過程中，修斯漸漸卸下警戒，最後終於對迅說出過去一直不肯透露的心聲——想回到母國。

剛開始，即使修斯被問到「你應該想回去母國吧？」修斯也不願意坦白承認，因為他覺得承認了也只是暴露弱點而已。但是，負責在玉狛分部照顧修斯的陽太郎，不會因為修斯是近界民，就對他差別待遇，而是把修斯當作玉狛的「新人」對待，與對待其他隊員別無二致。這大概也是因為陽太郎年紀還小，不是修斯會想針鋒相對的對象吧。

而且，陽太郎注意到了修斯其實想回母國，但陽太郎並未把這件事當作談判籌碼利用，反而同理修斯的心情，此舉想必讓修斯心理上感到比較安全。

雖然BORDER在各階段實施了各種策略，但從顧客旅程地圖中可以知道，在最後的第四階段進行談判，是最佳選擇。在漫畫中，第四階段的修斯主動表示，以回到母國作為條件，與BORDER約定協助玉狛第二隊。

也許你會認為，顧客旅程只不過是俯瞰著顧客的狀況罷了。但是，我們有時總會過於投入眼前的業務，而忽略了顧客的狀況和心境。這種時候，能俯瞰著顧客的行動和情緒的顧客旅程，就很有幫助。

◆先從具體看見顧客的狀況開始

如果覺得製作顧客旅程地圖很難，那也可以做簡易版，將焦點放在顧客的行動和情緒

顧客旅程地圖（修斯的例子）

修斯：強烈效忠母國的主人。
雖然被抓為俘虜，但想回到母國。

階段	1. 相遇	2. 審問	3. 交流	4. 逃亡
場景（場所）	交戰中（街上）	BORDER 總部	玉狛分部（俘虜收容處）	與新敵人交戰中（街上）
行動	·修斯聽到迅說母國會背叛自己	·在總部接受審問	·與陽太郎相遇 ·陽太郎不分敵我，溫柔地接待修斯	·打算瞞著陽太郎回到母國 ·修斯知道自己重要的東西（武器）會在回到母國時被收走
思考	·BORDER 是敵人，無法相信	·如果要背叛主人，倒不如被殺	·迅很可疑 ·陽太郎似乎很正直	·陽太郎和迅都替想回母國的修斯著想 ·也許可以相信陽太郎和迅

情緒

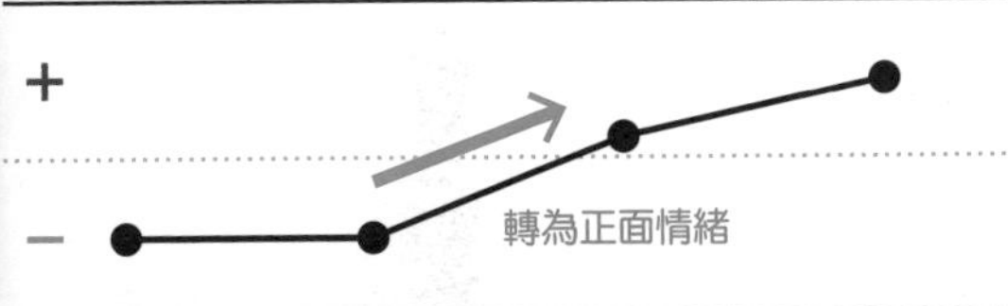

對策				
對策	·先提到修斯遭背叛的話題，嘗試懷柔	·嘗試威脅、利誘等各種方式說服修斯	·透過已建立信賴關係的陽太郎，讓修斯接受BORDER	·再度開啓談判，希望可以達成公平交易

就好。以具體的格式整理出來後，就能和身旁的人確認是否所見略同，以便思考下一步。

要判斷對公司來說最好用的格式，就需要熟能生巧。請先試著用在身邊使用過自家商品或服務的人身上，實際體驗運用這項工具吧。

Chapter 3

從《獵人》學習人才管理策略

你能引導出人才的能力嗎？

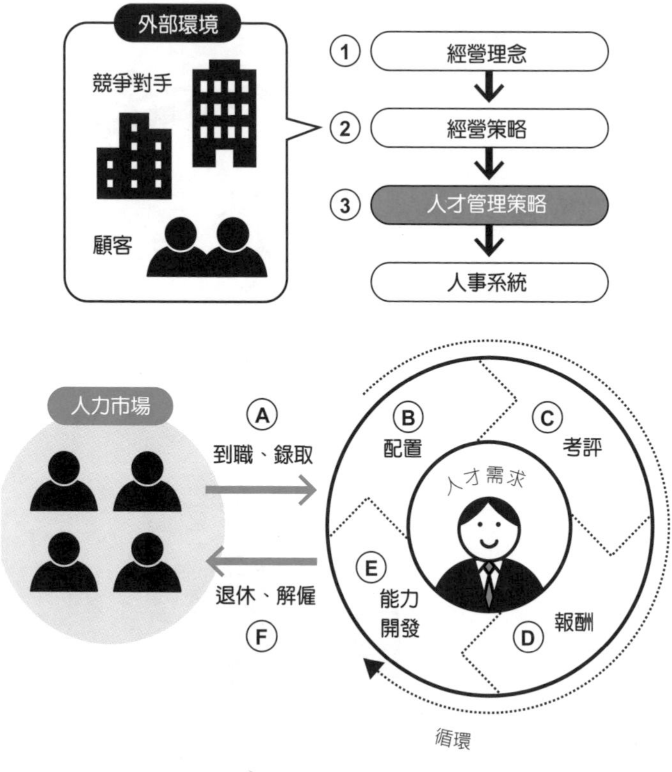

出處：佐藤剛（監修）《GLOBIS MBA 組織與人才管理》（暫譯）鑽石社出版

本章整體說明圖

《獵人》

- 作者：富樫義博
- 出版社：集英社

故事大綱

獵人指的是一群以追求稀有事物維生的人，所謂稀有事物，包含怪物、財寶、懸賞目標、美食、遺跡等等。獵人是能追求自我目標、令人嚮往的職業，要成為專業的獵人，就必須通過合格率僅數百萬分之一的嚴格試驗。

主角少年小傑偶然得知失散的爸爸是專業獵人，心想自己如果成為獵人，說不定能見到爸爸。於是毅然決然踏上成為獵人的旅程，故事就此開始。

小傑在旅程中遇上互相建立信賴關係的夥伴，以及雖然嚴格但熱心指教的師父，還有野心龐大的強大敵人等，所有的相遇都成為小傑成長的養分。這部作品描寫了小傑和他的夥伴的故事。

「身體能力值、精神能力值，與印象值。由這三種所組成。」

尼特羅（獵人協會會長）（第四集　第一百三十二頁）

人物相關圖

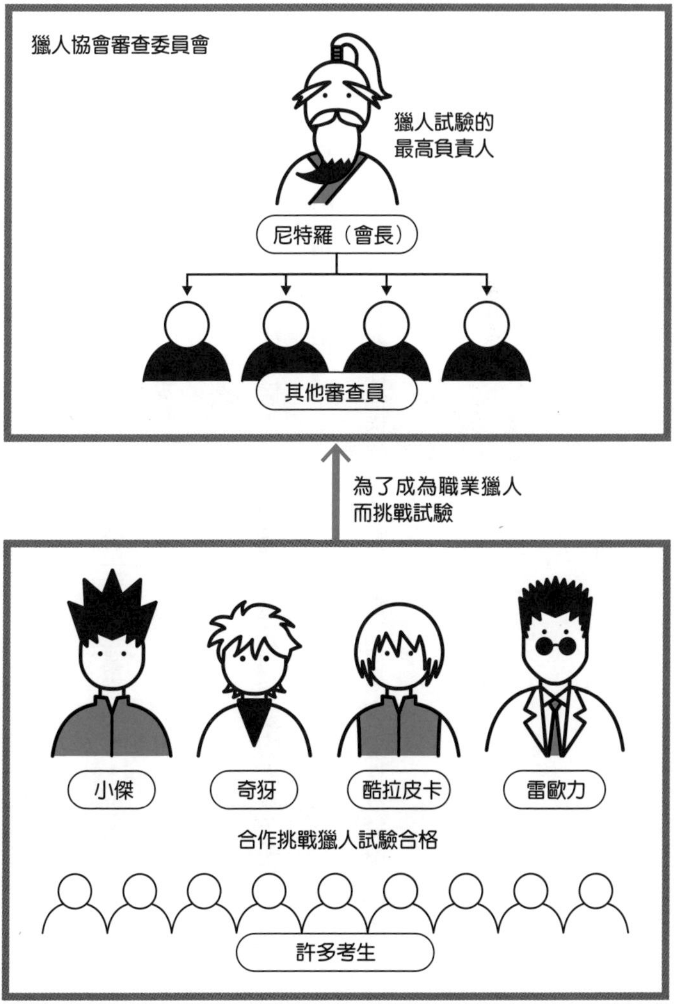

獵人協會審查委員會
獵人試驗的
最高負責人
尼特羅（會長）
其他審查員
為了成為職業獵人
而挑戰試驗
小傑
奇犽
酷拉皮卡
雷歐力
合作挑戰獵人試驗合格
許多考生

企業與員工的關係

請回想一下找工作的日子。想必有許多人是參加企業說明會，或是透過實習累積實務經驗，然後直接與現職的前輩們對話，浮現「想在這家公司與這些人一起工作」的念頭，之後接受面試、通過招募測驗吧？

如同你想在這家公司工作一樣，公司也認為你是公司想要的人才，所以才會僱用你，這可以說是兩情相悅的結果。

那麼，為什麼公司會想要你這樣的人才呢？那一定是因為你符合公司所擬定的「人才需求」。

獵人試驗的嚴格標準是為了發掘萬中選一的才能

《獵人》中登場的獵人協會，底下有會長領導的多名幹部，而所有獲得認證的獵人都隸屬於協會，這樣的組織類似關係較不緊密的企業。

獵人協會最大的目的——「守護人與自然的秩序」，可類比爲浩大的經營理念（第六十八頁的①）。他們的經營策略（②）則是「爲了守住人們對『獵人』的信任與權限，而在各領域成就豐功偉業」（經營策略指的是在組織周遭的外部環境下，爲達目的而擬定的行動計畫，第八章將詳細解說）。

獵人協會的人才管理策略（③）是「只接受擁有超出常人的知識和體力，以及不凡才能的人才」。爲了達成這個策略，所具體策劃出的人事制度流程稱作「人事系統」（A至F）。由於獵人協會想要優秀的人才，因此設下了相當嚴格的測驗，這個獵人試驗相當於招募測驗（A）。

人事系統的核心是企業擬定的「人才需求」

在獵人試驗的最後一關，尼特羅會長提到，獵人試驗的審查基準除了高度的身體能力和精神能力外，還有印象值。印象值是能力值無法評出的「某種特質」，也可以說是獵人的資質評價。換句話說，身體＋精神＋某種特質兼備的人物，正是獵人協會實現理念與策略所必須的人才，這就是獵人協會擬定的「人才需求」。

尼特羅會長將優秀的獵人所擁有的個性和特殊能力形容成「某種特質」。這個「人才需求」可說是配合理念和策略而擬定的標準，要是獵人協會的理念和策略改變了，人才需求也會有所變化吧。

另一方面，獵人試驗中規定「通過特定的考驗＝合格」，這種以一視同仁的規定進行的招募測驗，存在弊病。只要擁有能通過考驗的能力，即使是不符合組織風氣和經營理念的人，也能夠通過獵人試驗。別說是「守護人與自然的秩序」了，連嗜好斂財、戰鬥、殺戮的人都通過了測驗，進而造成麻煩，讓獵人協會傷透了腦筋。

這幾年，越來越多企業實施實習制度，作爲招募活動的一環。這代表越來越多企業不只進行測驗和面試，更藉由一起工作，將重心放在求職者的個性以及和公司風氣的相配度。

隨著今後的企業策略、經濟狀態、新型冠狀肺炎等社會問題所造成的環境改變，想必還會繼續出現新的招募方式吧。

如先前所述，以「人才需求」爲核心所建立的招募、配置、考評、報酬、能力開發、解僱，這一連串的流程稱爲「人事系統」。我將在下一節一個一個介紹人事系統的細項。

重點

經營理念、經營策略、人才管理策略、人事系統，這之間擁有密不可分的關係。人事系統以「人才需求」為核心建立而成。

management

2

什麼是人事系統配置？

「保護他們三個也是你的任務。我有說錯嗎？」

庫洛洛（幻影旅團團長）（第十二集　第十五頁）

人物相關圖

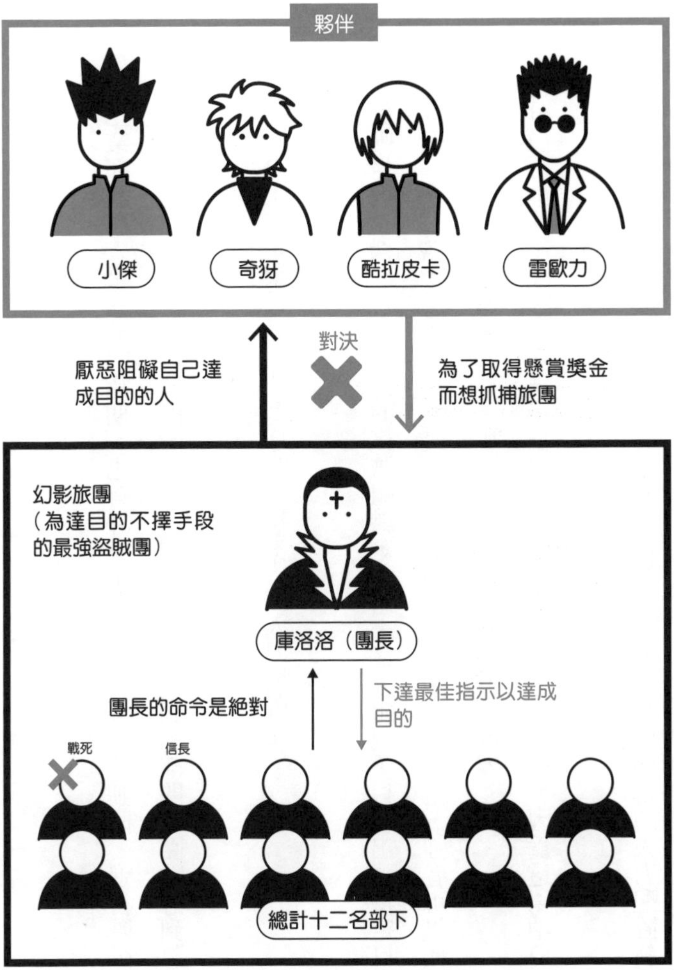
夥伴
小傑
奇犽
酷拉皮卡
雷歐力
對決
厭惡阻礙自己達成目的的人
為了取得懸賞獎金而想抓捕旅團
幻影旅團
（為達目的不擇手段的最強盜賊團）
庫洛洛（團長）
團長的命令是絕對
下達最佳指示以達成目的
戰死
信長
總計十二名部下

團隊表現取決於人力配置

每個企業都訂有人事異動的時期，也有許多企業在每次專案啓動時，進行團隊編制。你應該也曾提出調動到屬意部門的請求，抑或對於分配到的部門或團隊感到忽喜忽憂吧？

擁有許多員工的企業又是以什麼樣的觀點來決定人力配置呢？

幻影旅團是與小傑一行人敵對的盜賊組織，共由十三人組成，只在出現特定目標時，才會齊聚一堂。爲了保持其身爲最強組織的地位，旅團人數固定，強者可以代換掉弱者加入。由於如此嚴厲的規則，旅團每個人都擁有超群的能力。

平常分散行動的旅團，這次爲了搶奪拍賣會上的拍賣品而集結，因爲這場拍賣會聚集了全世界的珍貴財寶。

團長相當了解十二名成員各自擁有不同特性的能力，也藉由適當的人力配置執行策略。另一方面，成員也會負起責任，完成團長給予的工作，讓幻影旅團成爲最強的團隊。

這次，在幻影旅團的人力配置上，發生了一起事件，一名成員在作戰中死亡。失去這名成員而感到最衝擊的人，是同團的信長。

信長希望替被殺害的夥伴討回公道，但團長駁回了這個提議。理由是，若優先依照信長的願望去做，幻影旅團很可能會失去半數成員。再者，信長原本就有自己所肩負的人力配置和工作，要是違背本身的任務，恣意行動的話，很可能會危害到整個團隊的存續。

一時感情用事而變更人力配置，或是改變原本分配給成員的工作，很可能會產生失去團隊整體目標與策略的風險。信長聽團長訓示幻影旅團的存在意義後，便改變了自己的想法。

人力配置有兩個目的

企業進行人力配置有兩個目的。

第一個是**讓每名員工負責適合的業務**。

企業為了成功執行經營策略，會希望將員工分配到最能發揮其能力的部門或團隊。這就如同幻影旅團為了達成目標，而明確訂定成員的職責，貫徹最適當的人力配置，因此締造優秀的成果。

企業為了決定員工該去的位置，會透過新進員工測驗和人事考評，仔細地檢視每名員工各自的能力與適性。在企業這樣的組織結構下，雖然無法配合所有員工的志願，但會在每名員工的要求、能力與公司整體之間取得平衡，並決定人力配置。

另一個目的是**傳達訊息給全體員工**。

舉例來說，如果企業將公司內考評分數最高的人才，重點配置到特定的部門，那麼就會形成以下訊息——那個部門是公司策略上重視的部門。這也是爲什麼每間公司的當紅部門都不一樣。

此外，若企業將大力拉拔的人物配置到責任重大的職位，就可以間接向公司內外傳達以下訊息——公司現在最賞識也最需要這樣的人才。當過去都採取保守策略的公司，從外面挖角到新創出身的人才，並使其就任重要位置時，就能嗅出公司打算改變某些方針的訊息了。

重點

企業會一邊思考執行策略與整體平衡，一邊判斷每個人的能力與適性，進行業務分配。先確實完成自己目前所處位置該做的本分，創造出成績吧。

「也就是說，妳自己也認爲評審結果並不公平是吧?」

尼特羅（獵人協會會長）（第二集　第七十八頁）

人物相關圖

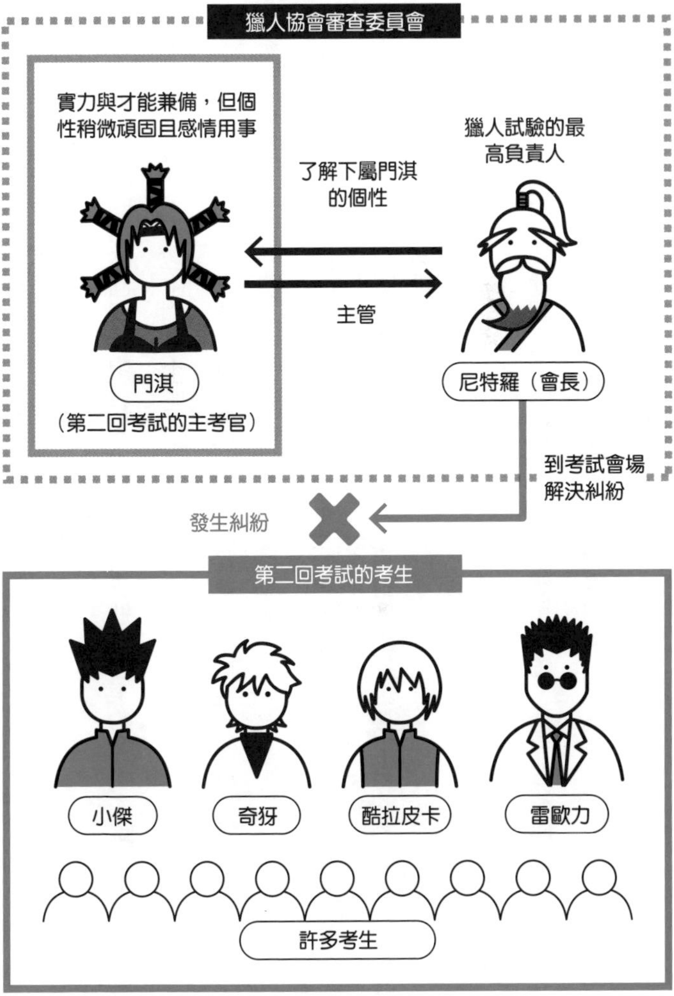
獵人協會審查委員會
實力與才能兼備，但個性稍微頑固且感情用事
門淇
（第二回考試的主考官）
了解下屬門淇的個性
主管
獵人試驗的最高負責人
尼特羅（會長）
到考試會場解決糾紛
發生糾紛
第二回考試的考生
小傑
奇犽
酷拉皮卡
雷歐力
許多考生

透過人事考評建立主管與下屬的信賴關係

在獵人試驗的第二回考試中發生了糾紛，無法進行公平的考試。雖然主考官門淇主張其有正當性，但考生們都不服氣，使得會場一陣騷動。

爲了平息騷動，相當於門淇主管的獵人協會會長尼特羅，便以負責人身分來到了會場。

尼特羅先是聽門淇的說法，然後問她這一連串行爲是否符合主考官該有的作爲。接著，尼特羅讓門淇自覺與反省自己的問題，再對考生提議接下來的考試方式，化解了糾紛。

尼特羅並不是一味地認定下屬錯誤，也並未怒罵下屬。他先釐清眞正的事實，並聽了門淇的說法之後，才決定處理方式，以及開導門淇。因爲考量了門淇和考生雙方的心情，才能得到雙方都認同的結論。

提到考評，很容易令人聯想到對一個人的表現優劣打分數，但你也可以將考評視爲**評分者與被評分者之間的溝通時間**。

換句話說，考評的作用是，透過主管對下屬、前輩對後輩針對今後的改善之處仔細給予回饋，建立起雙方之間的信賴關係。

如門淇的例子般，當下屬未達到一定的標準時，主管當然還是必須給較低的分數。這種時候，就應該說明給低分的原因，以及今後該如何改善，最好透過溝通讓下屬理解你的評分。

此外，考評標準不能依據個人喜好，而是要思考**這個企業或團隊所需的人才是什麼**。

不能光看下屬做不到的事或失敗的事等負面表現就評定分數，應和前一次的人事考評比較，看看這個人多學會了什麼、在哪些方面有所成長，謹記這點相當重要。

讚美的價值不輸給金錢

報酬是基於考評結果而給予的東西。因此，人們常一起考量考評和報酬（第八十六頁的C、D），以下也放在一起討論。

主考官門淇約略二十一歲，但已經拿到一星獵人的稱號。一星獵人是針對在某個領域獲得極大成功的人，由獵人協會頒贈的稱號。

光是取得職業獵人的身分就很困難了，獲得稱號的人更是少之又少。對於獵人來說，稱號是一種名譽，是與金錢等值的報酬。

企業會訂下各式各樣決定薪資的規則，因此，光憑主管的個人想法給予下屬高評分，也很難提高該下屬的薪水。

薪水當然是重要的報酬，但對下屬來說，也未必只有錢才是報酬。主管認可下屬的成長和工作表現，也能增加下屬的成就感和自信，這是一種精神上的報酬。

重點

將考評、報酬視為溝通，藉此培育下屬並提升其動力吧。

「而是要先了解自己的資質。」

雲古（第七集　第三十九頁）

人物相關圖

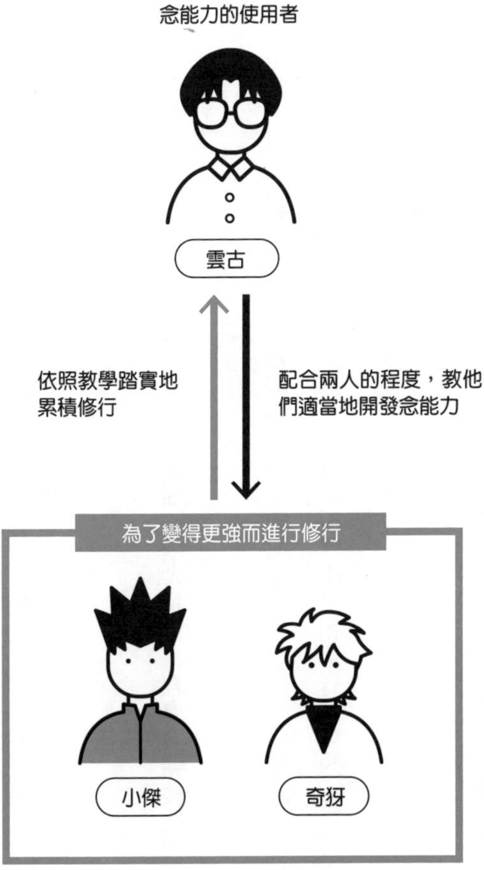
念能力的使用者
雲古
依照教學踏實地累積修行
配合兩人的程度，教他們適當地開發念能力
為了變得更強而進行修行
小傑
奇犽

好的指導者能讓你煥然一新

小傑和奇犽在旅途中遇上會使用念能力的雲古。念能力是運用自己的念來攻擊和防禦的技巧，學會後能發揮龐大威力。

小傑和奇犽希望能學會念能力，以變得更強。兩人請雲古教導與開發他們的念能力。

雲古先聽了兩人的想法，然後要求他們踏實地進行基礎訓練一段時間，那是一切的根基。確認兩人到達某個程度後，雲古開發並指導小傑和奇犽各自的特質與拿手、不拿手之處，使兩人的能力大幅進步、開花結果。

雲古說明了**找到並活用適合自己的能力，以及重視基礎、不懈怠地持續累積修行的重要性。**

了解自己的強項是能力開發的第一步

硬是學習五花八門的領域，必然要花費大量時間和金錢。挑戰不拿手的事情固然重要，但先活用自己原本具有的長處，再延伸到其他能力，這麼做不僅成長速度快，也更容易交出漂亮的成果。

重點

了解並活用自己的強項，以及重視基礎，兩者都很重要。如果不知道自己的長處，請找個懂你的人討論討論吧。

專欄

運用「克里夫頓優勢測驗」了解你本身擅長的事

唐諾．克里夫頓曾被譽為「天賦心理學之父」，接受總統表揚。過去，他所研發的測驗被稱為「優勢識別器」（Strengths Finder，發現強項之意）。藉由這個測驗，可以了解自己本身擁有的優勢，也就是優秀的能力。

這個測驗將人類擁有的能力分成三十四種資質。透過事先準備的問題，從答題者的回答診斷其擁有的哪一種能力較高（哪一種能力較強）。這個測驗特別之處在於，並非和他人比較孰優孰劣來當作判斷標準，而是顯示「回答者的三十四種能力排名順序」。換句話說，這個世界上的任何人都擁有自己的優勢。

這個測驗可以在網路上申請、取得。你知道自己擅長什麼嗎？如果對於自己的能力沒有自信、感到煩惱的話，不妨試試看這個測驗吧！

※參考資料：克里夫頓優勢測驗的網站

Chapter 4

從《逆轉監督 GIANT KILLING》學習領導能力

你是否適時地發揮領導能力？

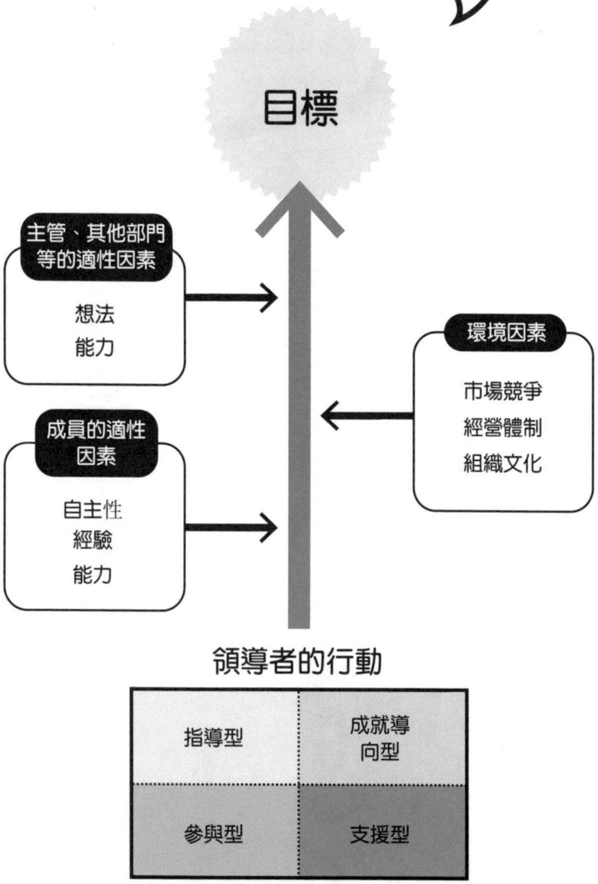

本章整體說明圖

《逆轉監督 GIANT KILLING》

- 作者：辻智
- 原案、取材協力：綱本將也
- 出版社：講談社

故事大綱

達海猛是前日本足球代表隊的明星選手，他接任職業足球聯盟第一級球隊Tokyo East United（ETU）的監督一職，此作品描寫他帶領球隊奔向勝利的故事。

GIANT KILLING指的是運動比賽中，弱者打敗與自己有實力差距的強者，奪得勝利。達海過去曾是ETU中的王牌球員，在他離開之後，ETU陷入一陣低迷，這次他以監督的身分回來帶領球隊爭奪冠軍。

一開始，達海以自己的方式帶隊，全新的方針和練習方式遭到一部分的球員反彈。但隨著球員的內心變化以及年輕球員的成長，球隊的實力大幅提升，一步一步打入前段排名。這部作品以監督的角度，描寫求取勝利的球員與隊伍的成長故事。

「我一定會替你準備好讓你能夠大展身手的場面喔。在那之前，你就乖乖等吧。」

達海猛（第六集　第一百零七頁）

人物相關圖

Tokyo East United (ETU)

達海猛
（監督）

- 不希望夏木急著歸隊
- 想避免夏木的傷復發

給予建議 →

夏木陽太郎
（球員）

- ETU的前鋒，球隊上一季的進球王
- 看到隊友努力練習，自己也想早點參加比賽、創造成績
- 在隊友的成長下，覺得自己被拋下，感到焦急

領導者的職責是引導團隊做出成果以及培育人才

領導能力指的是領導者擁有的資質、能力、力量、統帥能力。領導者自己必須發揮領導能力，來化解困難的情況，達成崇高的目標。

任何人都擁有領導能力。領導能力該如何發揮呢？

領導者的職責，可大致分爲兩項。

第一項職責是針對個性各異的成員，透過給予建議或直接協助，使每個成員發揮個人的力量，進而做出成果。

第二項職責是透過給予建議，並讓成員累積工作經驗，來培育人才。

領導者必須思考如何與成員互動，以達成以上兩項職責。想必各位至今也習得了不少給予建議的方法以及指導方法，例如：主動將所有的技巧傳授給對方，又或是請成員自己思考，再聽取其匯報，選項不只一個。

從領導能力的理論來看，光是發揮領導者本身擁有的領導能力（例如：仔細掌握下屬的行動並給予指示）是不夠的，還要考量工作難度和時間進度，再選擇適當的領導方式加以執行，才能做出成果。

「領導能力是領導者為了使成員達成目標（進球），而指示成員該選擇的道路（傳球）」，根據這個概念，可以分成多種領導類型。

爲了有效發揮領導能力，該如何思考並選擇領導方式呢？

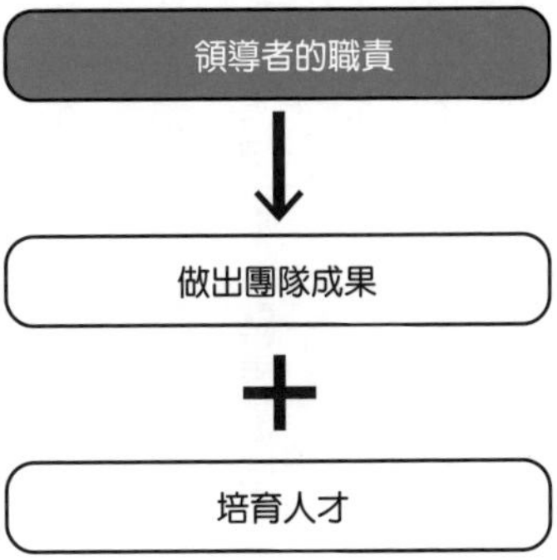

重點是評估目標與狀況

要發揮領導能力，**首先必須決定應達成的目標**。

為了達到所設的目標，領導者必須指示成員該選擇的道路。此時，領導者應視狀況行動。因此，領導者必須先**「掌握周圍環境的現狀」**以及**「掌握下屬的狀況」**。

要掌握周圍環境的現狀，領導者應思考現在該做什麼事來達成目標，並考量目前的資源和剩餘的時間等要素，掌握自己身邊的環境。在商業場合上，就是掌握市場狀況、競爭對手的動向、自己的體制、組織風氣、任務的困難度等。

第二項指的是領導者實際掌握其領導的成員狀況，例如：了解成員本身的能力和個性。領導者應了解其成員是否有足夠的能力和經驗來理解領導者的意圖、是否能自行思考並行動、以什麼樣的方式接受任務才會有幹勁，領導者也必須思考該如何指引成員行動。

我們來看看漫畫中的例子。《逆轉監督GIANT KILLING》的主角達海猛是職業足球隊的監督，監督的任務是強化球隊，帶領球隊取得聯盟賽冠軍。達海將目標設爲取得聯盟賽冠軍。爲此，他釐清狀況，針對每名球員，發揮不同的領導能力。

擔任前鋒的夏木陽太郎是上一季的進球王，他在受傷養傷後歸隊，回到球隊裡練習。從達海的角度來看，現在的球隊在得分上存在問題，有能夠得分的球員歸隊，絕對是一大助力。

雖然夏木希望盡早出賽，但球隊可不希望他的舊傷復發。即使去年因傷空轉半年的夏木對於

掌握周圍環境的現狀	掌握市場狀況、競爭對手的動向、自己的體制、組織風氣、任務的困難度等
掌握下屬的狀況	掌握下屬的能力和個性

歸隊比賽充滿幹勁，但達海認爲夏木經過長達八個月的空白期，身體狀態尚未恢復到最好。

面對想替球隊貢獻、不想被拋下而急著早日歸隊的夏木，達海說出了本節開頭的台詞。達海了解夏木的不安，便明確告訴夏木有的是機會，不能焦急，應花時間好好準備。

夏木就此了解監督確實注意著自己，於是恢復冷靜，做足準備之後才回到場上。然後，夏木便在回歸的那場比賽中，完美地射門得分。

領導者就是像這樣設定目標，在掌握現在的環境和對方的狀況後，採取相應行動。

下一節起，我將具體介紹兩種領導類型。請接著看看領導能力的不同使用方法吧。

重點

領導者必須朝著目標，正確理解自己身處的狀況。

leader
ship

2

「指導型領導」給予明確的指導

「VICTORY這些士裡士氣的傢伙們……就由你們親手擊潰！」

達海猛（第三集　第八頁）

人物相關圖

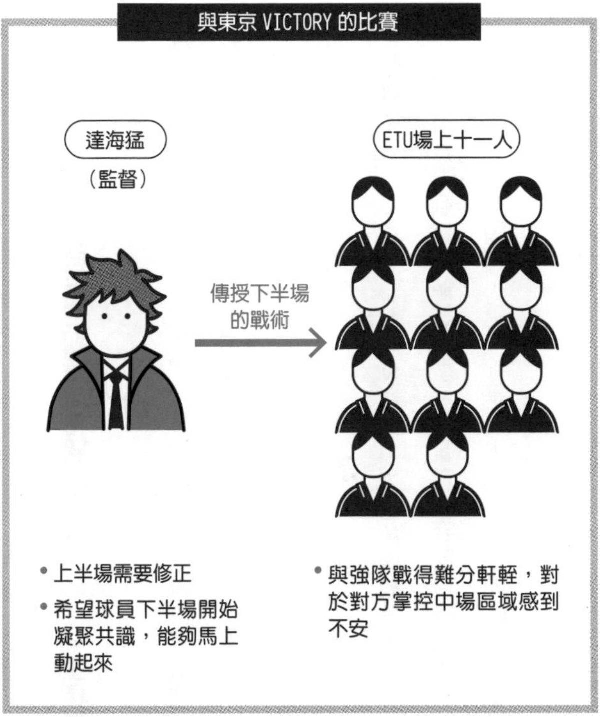
與東京 VICTORY 的比賽
達海猛
（監督）
傳授下半場
的戰術
ETU場上十一人
• 上半場需要修正
• 希望球員下半場開始凝聚共識，能夠馬上動起來
• 與強隊戰得難分軒輊，對於對方掌控中場區域感到不安

仔細提示通往目標的道路

指導型領導會**明確告訴成員自己的期待（希望成員做的事），並具體指導達成方法。**

要使用這種領導方式，領導者必須具體教導成員，與成員共享通往目標的道路。一般所說的強烈的領導風格，也許就是指這類型的領導方式。

我們來看看漫畫裡的應用方法。

在《逆轉監督GIANT KILLING》中，主角達海身爲監督，在比賽中發揮領導能力時，讀者可以看到這種領導類型。監督在比賽前傳達戰術給球員、比賽中改變戰術或更換球員時說明原因等，這些都是要求球員能立即回應的情境，因此會採取這種領導方式。

在與去年的冠軍隊伍東京VICTORY的季前熱身賽中，達海擬定了戰術，試圖將球集中到自己隊上的司令塔，並且吸引對手。雖然在吸引對手後，成功先馳得點，但卻被對手追平分數，迎接中場休息。

在休息室，達海對球員傳達下半場的戰術。由於對手在上半場取得同分，可以預想他們下半場打算趁勢追擊。達海說明上半場應檢討的地方，並決定改變配置及替換球員來迎接下半場。爲了奪回中場區域，達海指派攻擊型球員上場，並且具體指導球員們該在哪些地方出力、該如何攻擊，最後說了本節開頭的那句話。

爲了取得勝利，監督必須在中場休息的短暫時間內，向球員傳達自己的想法，並取得共識來迎戰下半場。因此，監督得在此時明確下達下半場的戰術，並讓球隊完全了解。如此一來，每位球員才能清楚作戰方式，毫無迷惘地在場上發揮。能否在短時間內統一球隊方向，就是勝負關鍵。

下半場的比賽中，雖然ETU一度被對手超越，但最終又追回同分，得到與強隊平手的結果。

這樣的結果可以歸功於採取指導型領導方式的達海，不僅讓球員們明白該修正的方向，更凝聚了球隊的共識，才得以迎戰強敵。

在可以具體指導該做什麼事的時候很有效

如同《逆轉監督GIANT KILLING》裡的故事所描述般，指導型領導適合運用在下列情境中。

- 思考時間少，必須迅速取得共識擬定對策時
- 通往目標的道路很明確時（具體知道必須做的事）
- 成員的自主性低，必須聽從指揮行事時
- 所有成員的經驗和能力都不高，有可能採取錯誤行動時

在這些狀況中，領導者會藉由下達明確指示，企圖讓團隊迅速動起來。經過領導者的指導後，成員能累積經驗，並提升能力。

重點

有明確通往目標的道路且情況緊急時，指導型領導能有效發揮作用。

leader
ship
3
「支援型領導」放任對方成長

「這次的集訓，我對於你們只有一個要求。至於是什麼要求，我不會告訴你們。」

達海猛（第十六集　第一百三十一頁）

人物相關圖

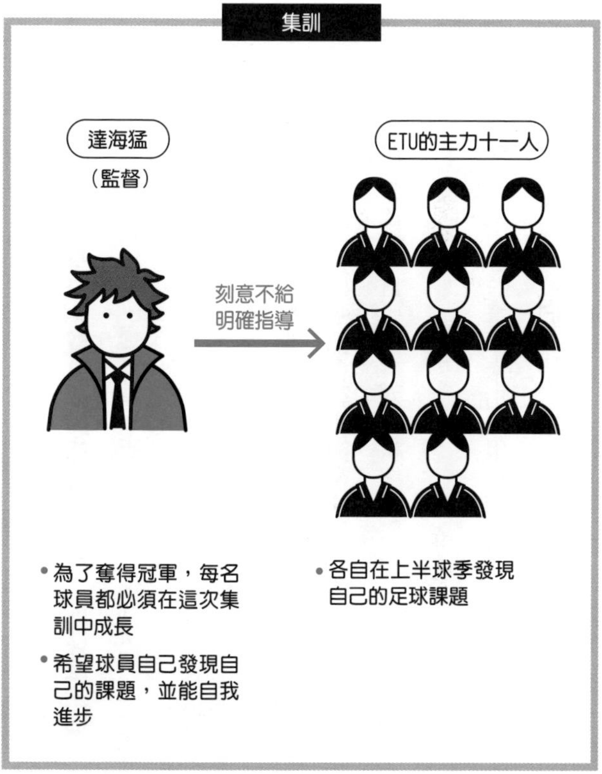
集訓
達海猛
（監督）
ETU的主力十一人
刻意不給明確指導
• 為了奪得冠軍，每名球員都必須在這次集訓中成長
• 希望球員自己發現自己的課題，並能自我進步
• 各自在上半球季發現自己的足球課題

領導者在背後支持，能幫助成員自力推動工作

支援型領導以互相信賴為基礎，尊重成員的想法，給予成員自主權。透過由成員自己思考「該做的事」和「做法」，提高其自主性，也可提升決策能力和執行力。

在《逆轉監督GIANT KILLING》描述球季休息期間的集訓故事中，出現球員戴眼罩互相喊聲來進行迷你練習賽的打西瓜風格遊戲，以及球員變換位置的練習賽。如果是一般的練習，監督通常都會說明練習的目的或目標，但這次達海並未給予球員指導或說明，而是要球員自己思考如何讓球隊變強。

在持續練習的過程中，由於監督並未指出用意和目標，球員們漸漸會互相溝通，也檢視並思考自己平常的狀況。他們開始習慣自己思考練習目標，以及自己的課題和該改善的地方，而這就是達海的目的。

這種領導方式的特色是可以確認成員收到課題後的想法，並化身為成員的商量對象，給予成員意見並從旁守護，不僅尊重成員的行動意願，也能推動成員前進。

因此，執行這個領導方式的領導者必須**尊重成員的主體性，建立良好的工作環境，激發成員的能力，讓成員容易有所發揮**。領導者應給予支援，例如：由領導者在適當的時機聽取成員的執行過程報告、將所需的人力指派給成員，或是協助成員和相關部門協調。

對自主性高、能力高的成員很有效

這種領導類型對以下情境能發揮效果。

- **可以明確畫出通往目標的道路**
- **成員的自主性高，期望自行朝向目標積極前進**
- **成員的主體性強烈，可以自己思考前進**

但如果是會影響到其他部門的業務，以及缺乏官方權限（職權）就難以調整的情況，採用這種領導類型則有可能無法順利進行。

如此一般，在推動工作時，領導者不能光是下達指示、指導，仰賴與等待成員也很重要。

爲了讓成員前進，過程中可能會花很多時間，產出的成果也可能不如人意，而令人感到有壓力。也許你常常會想出手介入，認爲自己來做比較快，不過還是放手讓對方嘗試看看吧。

重點

藉由「放手讓對方行動」來培育成員，也是領導者的工作。

Chapter 5

從《宇宙兄弟》學習主管關係管理

你是否妥善管理好你與主管的關係呢？

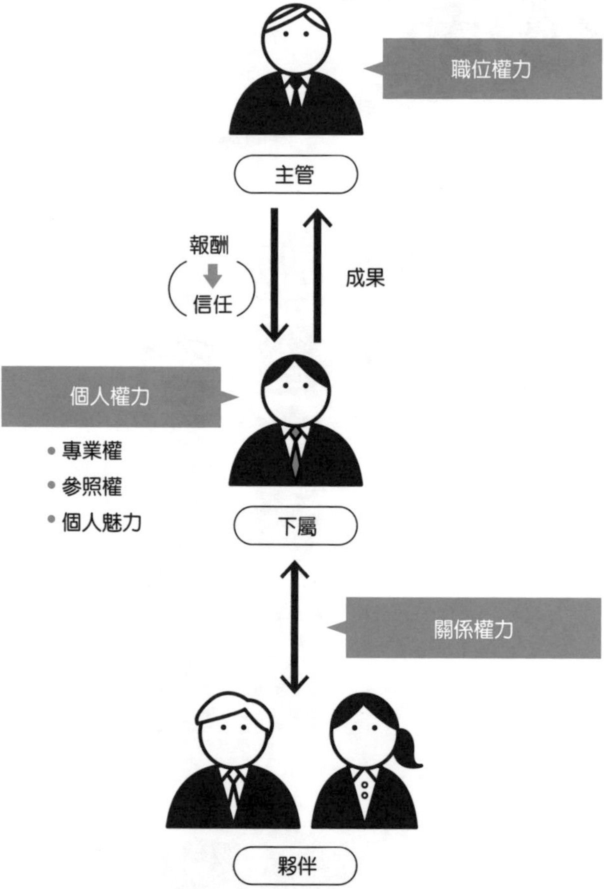

本章整體說明圖

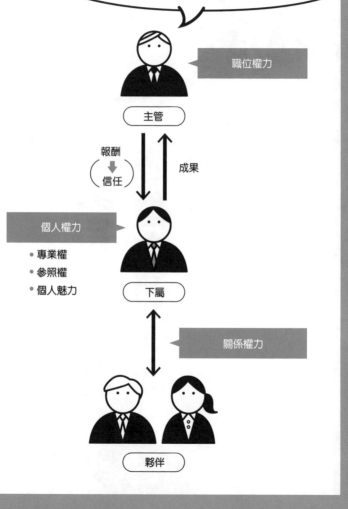

《宇宙兄弟》

● 作者：小山宙哉
● 出版社：講談社

故事大綱

哥哥南波六太與弟弟南波日日人，這兩兄弟的夢想是成為太空人。長大的六太原先在一般公司當上班族，卻失業了。面臨挫折的六太，在日日人的鼓勵下，決定追趕已先當上太空人的日日人，重新將目標放在成為太空人的夢想。

日日人成為日本第一位登上月球的人，而六太也通過宇宙航空研究開發機構（JAXA）的考試，成為太空人。不過，雖然成為太空人，也無法馬上到外太空，六太到NASA參加了各式各樣的訓練，遇見許多夥伴和主管，立志獲選為前往外太空的組員。另一方面，日日人在月球任務中發生意外而罹患了恐慌症，他在周遭的支持下，逐漸克服挫折。這部作品描寫了嚮往外太空的兩兄弟實現夢想的故事。

社會交換理論與領導者——成員交換理論

「其實那是魔法的密技。」

傑森．帕特拉（NASA太空飛行員室長）（第十四集　第一百五十七頁）

人物相關圖

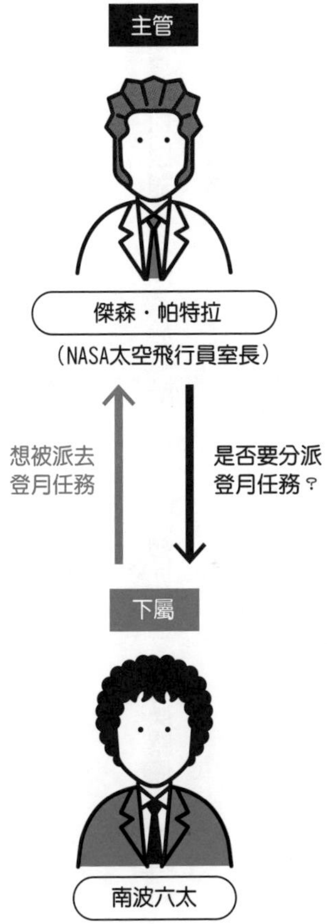
主管
傑森・帕特拉
（NASA太空飛行員室長）
想被派去
登月任務
是否要分派
登月任務？
下屬
南波六太

領導者必有跟隨者

在多人組織裡，擔任指揮的領導者與跟隨領導的跟隨者，各有不同的職責。

跟隨者會跟從領導者，是因爲跟隨者能從中獲得某項報酬，例如：薪水、稱讚，只要是跟隨者想要的東西，都算是報酬。

這種領導者與跟隨者之間基於報酬而成立的關係稱爲「**交換關係**」，講述這種關係的理論就是「**交換理論**」。

進一步研究交換關係「品質」的則是領導者—成員交換理論（**Leader-member exchange理論**、**LMX理論**）。領導者—成員交換理論顯示，領導者與跟隨者之間的關係強度會隨時間產生變化。

重要的是讓彼此關係成長為「人際關係」

主管與下屬的關係分為**三階段發展**，分別是**金錢關係→混合關係→人際關係**。如果和主管之間的關係能深化為人際關係，就能輕鬆做好主管關係管理。

報酬的形式有很多種，六太這些太空飛行員的報酬之一是被指派到任務。所謂的任務，指的是以太空飛行員的身分，實際到外太空工作。

六太調派到NASA之後，主管帕特拉室長詢問六太，是否有意願成為ISS（國際太空站）任務的候補組員。這個時候的帕特拉與六太之間的關係只是「金錢關係」，交付任務形式的報酬，然後完成任務而已。六太只是因為想獲得任務形式的報酬，所以才遵從帕特拉的指示。

但是，六太拒絕了這項任務，無法獲得飛到外太空的任務報酬，還受命接下改良月球越野車的任務。六太和帕特拉的關係便以最糟糕的形式展開。

交換理論指出，領導者對於下屬會有所要求，下屬回應領導者的要求後，雙方之間的關係即展開，並且交換報酬。

六太被派到比較冷門的部門，周遭的人認爲六太受到了不當待遇。但是六太爲了讓帕特拉任命自己屬意的登月任務，持續努力做出成果給帕特拉看。

六太成功改良了月球越野車，過去一直沒有人能順利做好這個工作。六太是爲了報酬而提供這個成果給帕特拉。

此外，六太爲了交換報酬，表演了飛機特技——垂直爬升滾轉，那是對於帕特拉而言，充滿深刻回憶的特技（本節開頭的台詞顯示了這個特技對於帕特拉的重要性）。帕特拉開始信任六太，兩人的關係從「金錢關係」進展爲「混合關係」。

主管交派工作給下屬，下屬做出成果並取得報酬，兩人之間便產生信任。藉由重複這個過程，就能如同帕特拉與六太一般，增強兩人之間的信任關係。

後來兩人的關係變得成熟，在海底訓練中，由於六太成功執行用於月面基地的點子，帕特拉終於決定讓六太參加登月任務。

就這樣，六太和帕特拉的交換關係變爲「人際關係」。六太在工作上與主管建立了可以順暢合作的關係。

跟隨者不是只能等待領導者給予的報酬，也可以自發性交換成果，來改變關係品質。

重點

好好扶植交換關係，能親手改變與主管的關係。

利用主管的「職位權力」

「見到一面大得不像話的布幕，畫著NASA的「熱誠」。我不由得感覺到這是「宣告命運的時刻」。至於放棄的覺悟，我只能一笑置之。」

南波六太（第十四集　第金十二頁）

人物相關圖

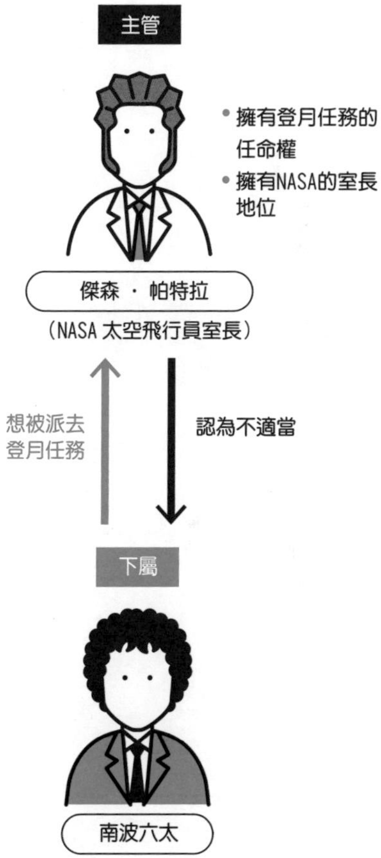
主管
擁有登月任務的任命權
擁有NASA的室長地位
傑森・帕特拉
（NASA 太空飛行員室長）
想被派去登月任務
認為不適當
下屬
南波六太

利用職位權力

運用以下三種權力，可以順利獲得來自主管和下屬、同事的合作。

- **職位權力**
- **個人權力**
- **關係權力**

首先說明職位權力。

如同其名，職位權力就是職位所賦予的權力，關乎人的職位、職權、職責。例如：經理的批准擁有裁定權，有權通過申請案，這就是職位權力。

六太也利用了職位權力，好讓自己受指派登月任務。

ＮＡＳＡ太空飛行員室長帕特拉有權決定如何分配太空飛行員的任務，也就是說，帕特拉擁有職位權力。

職位權力包含可透過懲處下屬發揮影響力的「**強制權力**」，以及透過地位或職權在組織內發揮影響力的「**合法權力**」，後者也代表高社會地位。

帕特拉將拒絕ＩＳＳ任務的六太調派到冷門的部門，便是使用了「強制權力」。帕特拉將忤逆命令的人調派到冷門的部門，此舉對於下屬能發揮影響力。而帕特拉能合法進行人事異動，正是因爲其身爲太空飛行員室長的地位所具有的「合法權力」。

帕特拉擁有的職位權力，能實現六太所期望的「參加登月任務」。因此，六太只要利用帕特拉的職位權力，就能實現自己的願望。

與自己所需的職位權力擁有者加深關係

那麼，六太最初是否有好好利用帕特拉的職位權力呢？答案是沒有。如同前述，六太與帕特拉的關係以最糟糕的形式展開。六太爲了獲准參加登月任務，先展示了顯而易見的成果。

接著，六太爲了向帕特拉展現自己的實力，決定另外擬策略。六太從過去帕特拉身爲太空飛行員時期的訪談中得知，他特別重視垂直爬升滾轉，也就是駕駛戰鬥機垂直爬升的特技。

因此，六太對帕特拉表演了自己的垂直爬升滾轉。帕特拉知道了六太的實力後，終於認可六太可以參加登月訓練。六太加深了與帕特拉的關係，成功運用了他的職位權力。

在展現能力之前，先展示成果

這裡顯示了重要的順序，如果六太一開始就先表演垂直爬升滾轉，或許帕特拉就不會認可六太了。

六太並非突然就展現自己的能力，而是先回應主管帕特拉的期待，做出成果。先回應主管，製造主管願意聽自己說話的情境，然後再展現實力，這麼做，就能說服帕特拉。

要像這樣利用職位權力，先決條件是在展現自己的能力前，先做出十足成果，來回應對方的期望與委託。

重點

面對擁有職位權力的人，不只是遵從他，也好好利用他吧。先展示十足的成果，再依照對方的特性，思考如何展現自己的實力。

「個人權力」可自行習得

「下次堆積木，妳會堆得更好。」

真壁賢治（第十七集　第一百七十頁）

人物相關圖

兩週的海底訓練　兩名資深太空飛行員＋兩名新進太空飛行員＋潛水員的隊伍

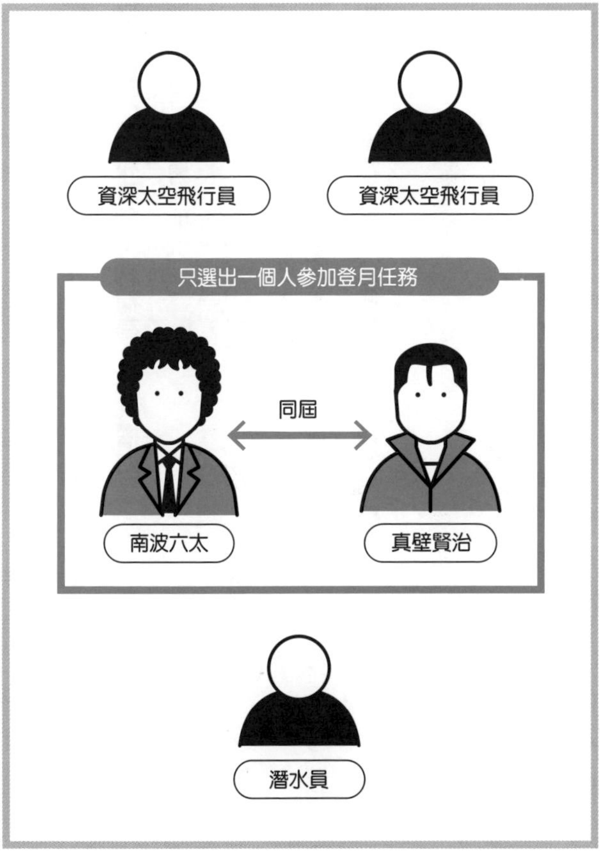

可自行獲得個人權力

擅長做簡報的人、擅長跑業務的人、擅長行銷的人……公司裡有各種能力的人。

一個人本身具備的能力和素質，就稱為「個人權力」。

個人權力主要可分爲三項：

①專業權

指的是一個人所具備的專業能力和技術，例如：取得ＭＢＡ之後習得的技術，或是在資訊領域具備豐富知識等，這些都是專業權的範疇。

②參照權

指的是成爲受喜愛的人物，擁有受他人效仿的能力。如果公司裡有位受大家崇拜的前輩，我們就可以說，那位前輩擁有很強的參照權。

舉例來說，若各個部門的人都會找某部門的組長商量事情，就代表那名組長擁有很強的參照權，很能發揮個人權力。優點是容易蒐集到各種資訊。

③個人魅力

擁有特別強的參照權時，就會發展成個人魅力。因為比參照權還強，有時候甚至會被神化。個人魅力強的人所發出的指示和意見都容易受眾人接受，此時也能發揮個人權力。

此外，如果是忤逆就可能會受到處罰的情況，看起來屬於個人魅力，但其實是職位權力也一起發揮作用，也就是兩種權力同時運作。

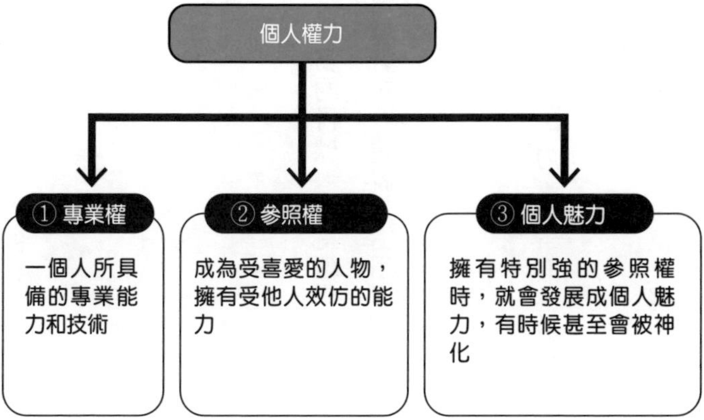
個人權力
① 專業權
一個人所具備的專業能力和技術
② 參照權
成為受喜愛的人物，擁有受他人效仿的能力
③ 個人魅力
擁有特別強的參照權時，就會發展成個人魅力，有時候甚至會被神化

有別於職權和職位所主宰的職位權力，個人權力是容易自行習得的權力。決定好自己的目標後，就可以去學習想要的權力，並發揮作用。

到處都有人擁有比你厲害的個人權力

我們來看看《宇宙兄弟》中的例子。

六太成爲太空飛行員之後，爲了實現參加登月任務的目標，而持續學習個人權力。他運用過往關於車的專業知識，成功改良月球越野車，這就是活用專業權的例子。

在NASA的登月訓練中，多名候選太空人推銷自己的能力，以爭取爲數不多的名額。這不僅是訓練，也是一種選拔考試。

在最後的選拔考試，也就是海底訓練中，六太和眞壁賢治一隊。眞壁賢治是六太從JAXA的太空飛行員甄選考試起，就一路過關斬將的夥伴。不過，登月任務的選拔機制，是要從六太和賢治之中，選出一個人。

賢治擁有豐富的知識，也受到周遭的信任，具有高度專業權和參照權。他運用個人權力，從主管和周遭獲得比六太更高的評價。

從各方面來看，賢治似乎都在六太之上，但在海底訓練中，賢治認爲那只是一種考試，便以平常心度過。

另一方面，六太則未把海底訓練視爲考試。海底訓練是以海底模擬月球表面的訓練。六太將海底訓練當作是假想的月球任務，就像眞的置身於月球一樣，進行作業。

六太是在海底唯一像在月球生活的人，賢治和其他夥伴看到六太的舉動，也開始覺得應該要像六太一樣。這就是六太的參照權上升的瞬間。

光是發揮一項個人權力就能顯示出差異

在海底訓練中，六太如同置身月球般行動，提出了可以縮短時間等等的點子，最終成功獲選爲登月組員。

六太所發揮的就是參照權。不僅主考官和團隊成員，連競爭對手賢治也被六太這樣的太空飛行員吸引，並且佩服六太。雖然知識和理性思考等專業能力都是賢治比較優秀，但最終因爲六太的舉止和態度，大家一致認同六太才能在月球上一展長才。

要提高參照權，就必須了解自己想影響的人或團體所需求的人才，並從中選擇其他人嫌麻煩而不做的事情來執行。然後，更重要的是持之以恆。累積的成果將能提高參照權。

六太一直在提高對於周遭人事物的觀察力、感受力、發現機會的能力，任何時候都在思考如何解決問題。於是在海底訓練中，他想出了連NASA都驚嘆的太陽光鏡面反射採光系統，也化爲影響周遭的參照權。

在海底訓練中，賢治因爲六太提出好點子而感到意志消沉時，六太鼓勵他：「我們一起向極限挑戰吧。」六太總是站在對方的立場想，不論最終誰會被選上，都努力面對考試，也因此提升了參照權。就在這個時候，賢治認同能登月的會是六太，而不是自己。

即使專業權比人弱，只要發揮參照權和個人魅力展現自己優秀的一面，就能受到主管和同事的認同。

重點

依照自己的目標和特性來習得個人權力。

「你是否認爲被貶到「養老部門」最後離開NASA的我，是個夢想破滅的失敗者？華爾特？其實正好相反。」

歐文・派克（第二十二集　第六十三頁）

人物相關圖

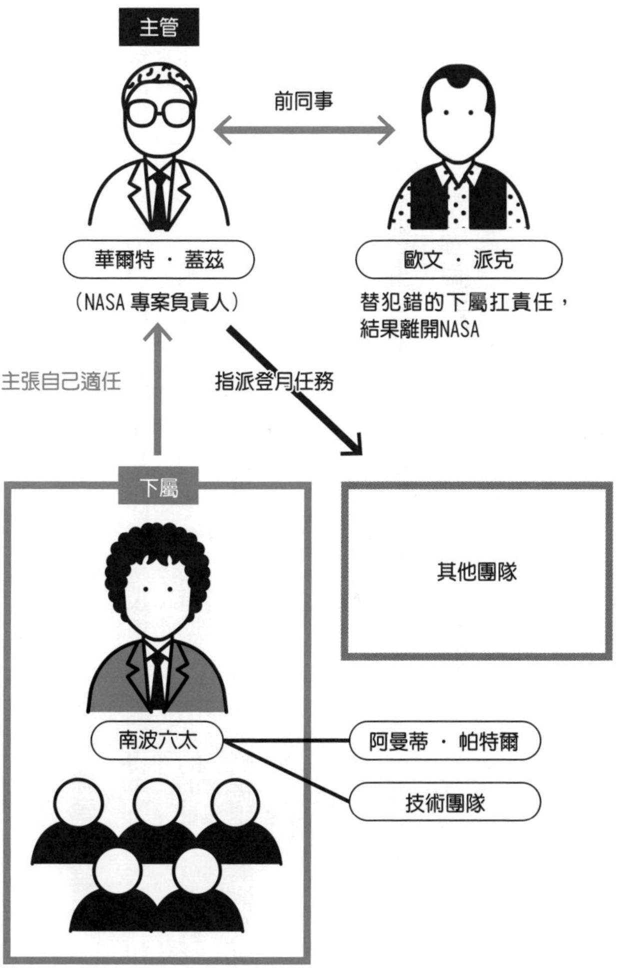
主管
前同事
華爾特・蓋茲
(NASA 專案負責人)
歐文・派克
替犯錯的下屬扛責任，
結果離開NASA
主張自己適任
指派登月任務
下屬
其他團隊
南波六太
阿曼蒂・帕特爾
技術團隊

關係權力要運用人脈

第三個權力來源爲「關係權力」，指的是**運用人脈借助握有資源者的力量**。

舉例來說，要在公司內結合藝術作品和區塊鏈技術，創設買賣平台事業時，如果公司外部的朋友在藝術領域擁有廣泛的人脈，那麼借助該名朋友的力量，就能廣泛募集到許多藝術作品，刊登到平台上。關係權力指的就是這種人際關係——與擁有所需技巧、人脈、資訊的人之間的關係。

《宇宙兄弟》裡也常出現運用關係權力的橋段，其中一個橋段描繪主角與NASA專案負責人華爾特・蓋茲的交涉，就是利用了關係權力進行主管關係管理來說服主管。

使用關係權力可以獲得明顯的成果

蓋茲擁有比帕特拉權限更高的職位權力，他決定任命其他團隊參加登月任務，而非六太的團隊。

不過六太並沒有放棄，而是直接找上蓋茲，主張自己這組人馬才是最適合的人選。於是，蓋茲要求六太想出降低一億美元成本的提案，或是蒐集廢除ＩＳＳ的連署書，只要達成其中之一的任務，就指派六太的團隊參加登月任務。

結果，六太借助許多人的幫助，提出降低一億美元成本的提案，加上希望ＩＳＳ繼續留存的連署書，而不是廢止的連署。最終，蓋茲改變了想法，決定改派六太的團隊參加登月任務。

六太運用了自己的關係權力，達成降低成本的提案和連署，進而改變了蓋茲的想法。

六太在思考如何降低一億美元的成本時，找上了至今曾一同工作的夥伴。

過去曾一起改良月球越野車的技術團隊接受六太的委託，設計出新型的ＡＲ越野車試作機。而曾經一起訓練的阿曼蒂・帕特爾擁有優秀的計算能力，則協助AR的運算處理。

此外，蓋茲的前同事歐文・派克的一席話，給予蓋茲向前踏出一步的勇氣，也等於是幫助了六太的團隊。

六太借助至今認識的人所擁有的技術，請他們提供材料等，完成了降低成本的提案，這就是關係權力。

從個人權力連結到關係權力

關係權力並不是馬上就能建立起來的權力，而是從至今累積的信賴關係之中誕生的。

要累積到能運用關係權力的狀態或是關係，首先必須運用個人權力向對方展現自己的能力，做出成果來提供自己的價值給對方。

在《宇宙兄弟》中，六太也是先提供汽車相關技術給月球越野車的技術團隊。六太在技術團隊面臨困境時，成功改良了越野車，提供了自己的價值。六太可以說是運用個人權力，貢獻出團隊所需的價值。

六太與技術團隊之間的關係就此而生，六太也因此能在建立降低成本的提案時運用關係權力，借助越野車團隊的力量。

要像六太一樣運用關係權力，首先要提高個人權力。

重點

關係權力並非一蹴可幾的權力。先決條件是運用個人權力提供價值，累積一定的關係。

5

主管關係管理的方法

「蓋茲先生，您喜歡宇宙的什麼？」

南波六太（第二十一集　第一百零一頁）

人物相關圖

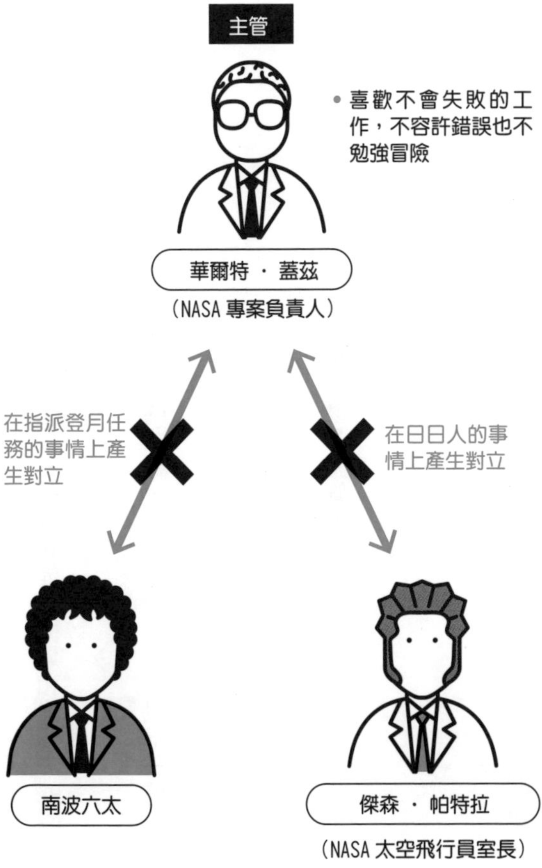
主管
・喜歡不會失敗的工作，不容許錯誤也不勉強冒險
華爾特・蓋茲
(NASA 專案負責人)
在指派登月任務的事情上產生對立
在日日人的事情上產生對立
南波六太
傑森・帕特拉
(NASA 太空飛行員室長)

三種管理方法

掌握與對方的關係強度，了解自己與主管所擁有的權力種類和強弱，就能更容易做好主管關係管理。

以主管關係管理以及領導者理論聞名的約翰・科特指出，了解以下三種管理方法並建立關係很重要。

①了解主管

主管的目標、壓力、強項、弱點是什麼？主管如何進行工作？會不會將工作交給下屬？

②了解自己

自己的強項、弱點、擅長的工作方式是什麼？在容易敵視主管的反依賴傾向，以及視主管爲全知全能者而追隨主管的過度依賴傾向中，自己偏向哪一種呢？

③建立以下關係

- 配合並拉近自己的需求和風格。
- 互相表達期望。
- 提供主管要求的資訊。
- 誠實以對，獲得信任。
- 有效運用主管的時間和資源。

①和②是狀況分析。透過盡可能的分析和調查，可使③建立關係進行得更加順利。如果回頭看在交換關係那節描述的六太和帕特拉，可以知道他們已經建立了③的關係。

但在主管關係管理上建立關係前，還有一項要素必須先具體決定好，那就是「基本態度」。

分析現場之後，選擇衝突處理型態

我們來看看先前描述的蓋茲與六太團隊在登月任務上的對立。

面對這樣的主管，要先運用前面提及的①和②的管理方法來進行分析，然後再決定採取的態度。也就是在分析之後，選擇最有效的態度。

這裡的態度稱爲「**衝突處理型態**」，可用左頁的圖來表現。

經過六太團隊的分析，認爲蓋茲偏好不會失敗的工作，不容許錯誤也不勉強冒險，所以要用嘴巴說服他並不容易。

這麼一來，如果選擇高度主張自己、低度與他人合作的「支配」態度，可以預想蓋茲並不會接受，而且也會影響到其他的任務。

於是，六太團隊採取了「整合」態度，以行動來說服蓋茲，要與蓋茲合作，達成蓋茲要求的降低一億美元成本的提案，也要主張自己適任。

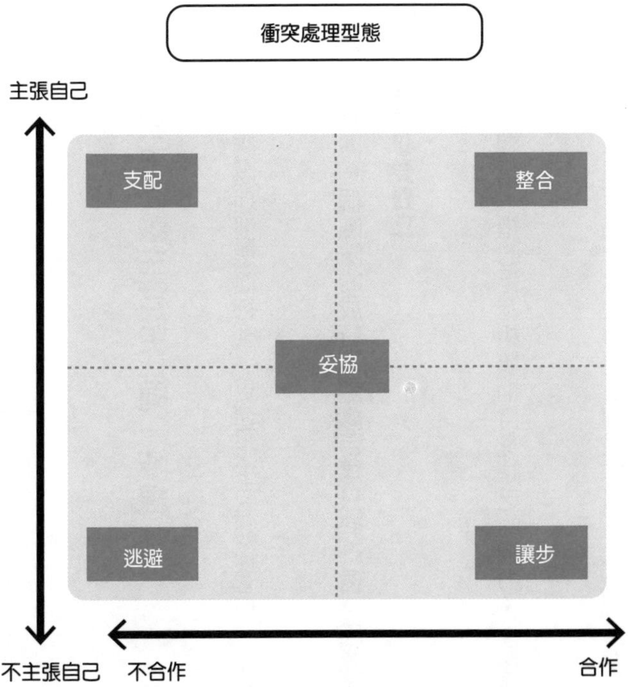
衝突處理型態
主張自己
支配
整合
妥協
逃避
讓步
不主張自己
不合作
合作

結果，六太團隊不僅提高周遭人對蓋茲的評價，也成功傳達自己的主張，讓蓋茲改變了一開始的決定。

建立互補關係，下屬主動讓主管站在同一陣線

六太不只是決定了衝突處理型態而行動，更運用主管關係管理，和重要的主管建立互補關係。

主管和下屬原本就是同一個團隊的成員。**團隊目標只有一個，因此主管和下屬本來就有相同的目標，沒有必要對立。**

互補關係是一種依賴關係，指的是互相填補自身缺乏的權力，以達成團隊目標。但是，要由下屬來建立並不容易。

建立的方式因個性和狀況而異，六太對蓋茲則是拋出了比目標還要大的問題，好

讓蓋茲想起雙方是擁有相同目標的夥伴。

「蓋茲先生，您喜歡宇宙的什麼？」

雖然蓋茲在聽到這句話之後憤而離席，但後來數次在心中回想起這個問題。在六太團隊進行報告後，蓋茲想起自己也是因爲喜歡宇宙而從事這份工作，和六太團隊是站在同一陣線的成員。

六太想方設法讓主管蓋茲注意到雙方屬於互補關係，透過詢問蓋茲比目標更大的問題，直搗蓋茲的志向，讓蓋茲發現雙方站在同一陣線。

即便是主管，也有眼光狹隘、短淺的時候。此時如果能對主管拋出更大的概念，將會更容易讓主管發現遠大的格局。

自我遭否定的阻礙，將導致不想要的結果

如果選擇了不適當的衝突處理型態，結果會是如何呢？

我們來看看帕特拉和蓋茲的關係。

帕特拉和蓋茲因爲六太的弟弟日日人的事情而產生對立。帕特拉希望讓日日人參加下一次的登月任務，但蓋茲因爲日日人曾罹患恐慌症，所以不同意讓日日人重返登月任務。

帕特拉以日日人通過測試，確定克服恐慌症爲根據，主張要同意日日人重返任務才合理。以衝突處理型態來看，帕特拉抓著蓋茲不合理的決定，選擇以「支配」型態來正面對抗蓋茲。

但是，如同六太的分析，蓋茲擁有難以靠嘴巴說服的個性，而且喜歡不會失敗的工作。因爲蓋茲只著眼於不會失敗的工作，不在意有沒有根據，也不理會意見正不正

確，所以不論用多麼巧妙的說話技巧來說服，他也不會認同。

帕特拉一味地關心日日人的狀況，並未察覺到蓋茲內心的想法，堅稱自己才是正確的，讓自己的目光變得短淺。

結果，蓋茲武斷說出日日人今後不會重返任務，成爲了NASA的既定事項。最終，日日人離開了NASA。

爲了避免像帕特拉一樣促成自己不希望的結果，在決定以何種衝突處理型態來面對主管時，請確認自己心中是否有以下四種自我否定的阻礙。

- 以自我為中心，疏於了解主管原本所要求的事
- 被過去成功的經驗束縛，堅稱自己才是正確的，容不下其他的聲音
- 對於自己被否定的狀況以情緒化回應，選擇無視或發怒
- 目光變得短淺，只注重眼前的行動

除了分析主管和自己的團隊，在決定採取何種衝突處理型態前，也要注意是否以自我為中心思考，讓目光變得短淺。

此時請試著像六太一樣，從下屬的立場出發，與主管建立團隊的互補關係。

重點

主管關係管理的關鍵，在於下屬如何與主管建立關係。為此，請徹底分析並決定衝突處理型態。

Chapter 6

從《只有神知道的世界》學習會計學

是否能掌握自家公司與其他公司的狀況？

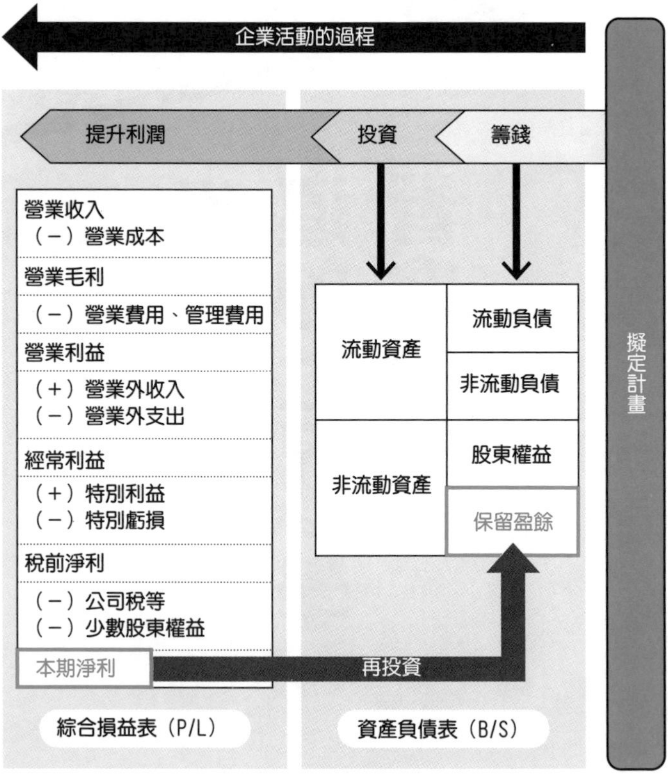

本章整體說明圖

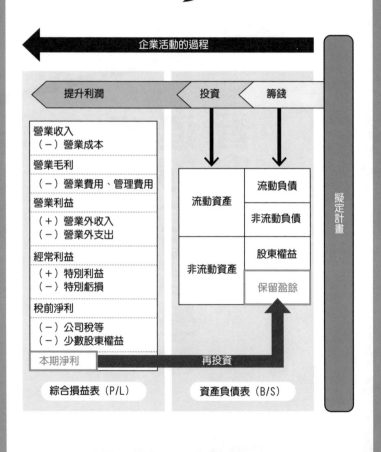

《只有神知道的世界》

● 作者：若木民喜
● 出版社：小學館

故事大綱

就讀舞島學園高校的桂木桂馬是喜歡戀愛虛擬遊戲「GALGAME」的高中生，在遊戲世界裡是GALGAME的攻略天才，被封為「攻陷之神」。桂馬對於現實世界的女生，一點興趣也沒有，只喜歡GALGAME中登場的女性角色而已。

某天，桂馬收到一封「請求協助攻陷女性」的郵件，他回覆了這封充滿挑釁意味的郵件後，眼前就出現了來自地獄的少女艾魯西。身為驅魂隊的惡魔艾魯西委託桂馬捕捉「驅魂」，也就是從地獄逃跑出來的壞人的靈魂。為了捕獲逃入人心空隙的驅魂，必須填補那些驅魂附身者的內心空隙。艾魯西認為，要填補空隙，最有效的方法就是戀愛，於是才會找上素有攻陷之神名號的桂馬。

雖然桂馬對現實世界的女生沒有興趣，但還是出面幫助艾魯西，運用玩遊戲學到的分析能力和經驗知識，攻略現實世界的女生。

「「煩惱」是我們的王牌，就算犧牲性命也要拿到手裡!!」

桂木桂馬（第二集　第四十六頁）

人物相關圖

舞島學園高校

桂木桂馬

艾魯西

- 因為對於現實世界的偶像不感興趣，所以不知道加儂是誰
- 只見過一面的加儂很積極示好，反而覺得不安

↓ 攻略

中川加儂

（偶像）

- 桂馬的同班同學
- 一邊上學，一邊進行偶像的演藝活動，擁有十足的實力，獲得NNS音樂獎最優秀新人獎
- 個性認真，工作表現完美，但對自己沒自信
- 想讓不認識自己的桂馬，注意到自己
- 在學校沒有朋友

會計學是表現企業運作結果的數值

企業運作上，會先籌錢，然後投資，最後提升營收、利潤，回收成本。而會計學就是在記錄、管理、說明企業運作時使用的這些金錢的動向，將這些動向整理成決算。

舉例來說，假設你的公司通常經歷以下過程：

- **為了買工廠設備而借錢**
- **為了開發新產品而訂購材料、投入資金**
- **受理產品訂單，交貨累積收入**

這種企業運作上，通常都伴隨金錢的流動，會計則是表現這些金錢流動的結果。

因此，**會計數字會表現出企業運作的結果**。

此外，**會計學也能幫助「預測未來所需金錢的動向」**。例如：需要多少支出才能達成下個年度預計的營收目標、購買新設備會需要花多少錢，只要以會計學的方法思考，就能知道。

從會計數字掌握企業的現況

我們來看看漫畫中的情節。

《只有神知道的世界》第二集中，偶像中川加儂是被驅魂附身的對象。加儂是一名偶像，一邊工作，一邊就讀和桂馬相同的高中，所以很少來上學。雖然加儂擁有十足的實力，剛獲得NNS音樂獎最優秀新人獎，但其實對自己沒有自信，常常感覺到不安。

當桂馬在屋頂上沉浸於遊戲裡，湊巧遇上了許久未上學的加儂。因爲桂馬很投入遊戲，對加儂的反應相當冷淡，使得加儂陷入自我懷疑的不安情緒。爲此，加儂想藉由讓桂馬成爲自己的歌迷，來讓自己重獲自信，於是便展開策略接近桂馬。

儘管只見過一次面，加儂相當積極地對桂馬示好。面對這個平常很難見到的偶像，桂馬感到不安，反而和加儂保持距離，並探尋這背後的涵義。此時，桂馬說出了以下台詞：

「『煩惱』是我們的王牌，就算犧牲性命也要拿到手裡!!」

桂馬爲了聽到加儂說出煩惱，便故意做出稱讚加儂歌藝等舉動，來使加儂動搖。桂馬認爲，只要到達聽見對方說出煩惱的階段，以戀愛虛擬遊戲來說，就相當於攻略進度百分之五十。所以，桂馬很積極地扮演聽加儂說煩惱的角色。只要聽對方的煩惱，就能知道對方的現狀，了解造成對方內心空隙的原因所在，更容易策劃解決問題的策略。

剛才提到會計數字能表現企業運作的結果。透過檢視這些數字，能掌握企業的現況。

例如：分析該數字與目標數字的差距，或是和過去的數字、競爭對手的數字相比較，藉此了解自家公司目前的定位。也就是將數字活用在策略和經營面。

無論是在經營企業的層面，或是每天的業務上，如同漫畫中的例子洞悉現況進度與目標位置是相當重要的事。

只要掌握現狀，了解目前進展順利還是不順利，就能重新調整今後的行動。此時能派上用場的就是會計學。

重點

從會計學看見企業的現況。

accounting
2
會計學可運用於企業分析

「居然沒有分析對象就出手攻略……根本就是無知!!簡直就像是前往北極探險，但是卻只穿泳衣!!」

桂木桂馬（第四集　第六十九頁）

人物相關圖

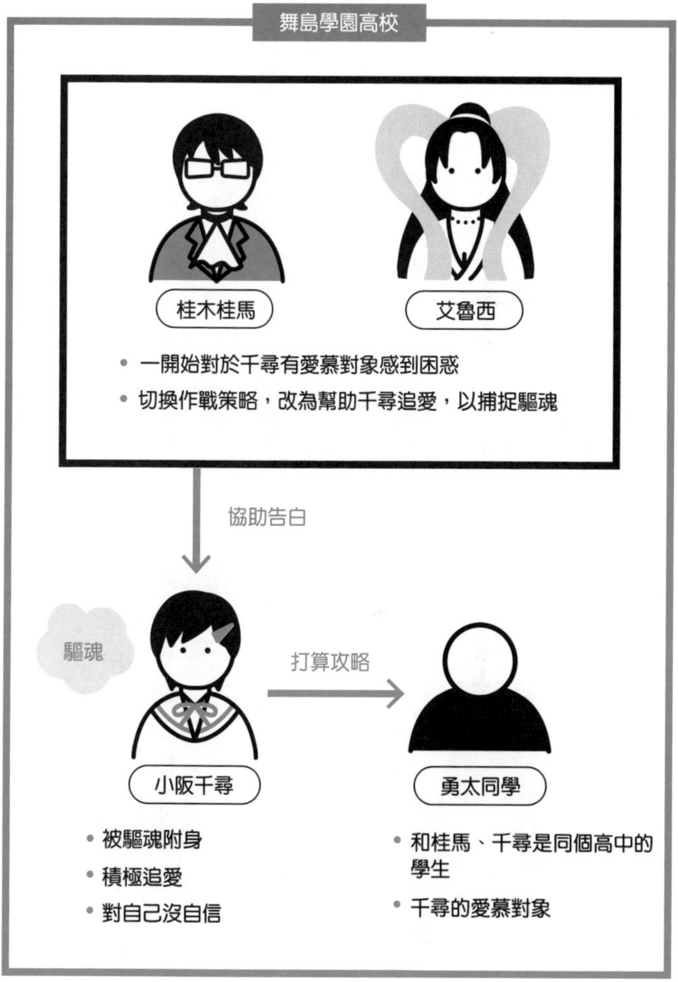
舞島學園高校
桂木桂馬
艾魯西
• 一開始對於千尋有愛慕對象感到困惑
• 切換作戰策略，改為幫助千尋追愛，以捕捉驅魂
協助告白
驅魂
打算攻略
小阪千尋
勇太同學
• 被驅魂附身
• 積極追愛
• 對自己沒自信
• 和桂馬、千尋是同個高中的學生
• 千尋的愛慕對象

財務三表依循規則記錄會計數字

你應該聽過財務報表或決算書吧？這些報表能表現出公司如何籌錢、投資、賺取利潤，以及剩下多少錢。財務報表又稱爲財務三表，包含以下三種文件：

- **綜合損益表**（Profit And Loss Statement、P／L）
- **資產負債表**（Balance Sheet、B／S）
- **現金流量表**（Cash Flow Statement、CFS）

如果你打開相同產業、行業的公司財務三表，應該會發現和自家公司的數字不同。

財務三表顯示出產品開發、製造、販售等企業運作的結果，即使打開行業相近的公司財務三表，也會發現各自的數字和比率有所差異。透過比較那些數字差異，尋找出現差異的原因，就能發現課題、擬定下一步的策略。

- **和同業相比，報酬率高還是低？**
- **借來的資金比較多，還是自家公司原有的資金比較多？**
- **庫存多還是少？**

如同上述，可以從各種觀點切入比較和分析。

沒有分析就沒有攻略

在《只有神知道的世界》第四集中，桂馬的同班同學小阪千尋被驅魂附身了。一開始，桂馬如往常打算填補千尋的內心空隙，卻撞見千尋向足球隊隊長告白被甩的場面。

雖然千尋感到很失落，卻立刻找到了下一個戀愛目標——勇太同學。千尋想挑選生日禮物給勇太同學，桂馬就問了千尋「對方的喜好是？個性呢？頭髮顏色？社團是？」面對這些問題，千尋一個都回答不出來，於是桂馬就說出了以下台詞：

「居然沒有分析對象就出手攻略……根本就是無知!!簡直就像是前往北極探險，但是卻只穿泳衣!!」

桂馬總是勤於分析，桂馬的目標就是攻略對方。爲了思考「吸引對方注意必須做的事」，他會分析各種資訊再行動。因此，桂馬在告白事件的攻略成功率是百分之百。

桂馬認爲，只要能讓千尋的戀情開花，就能填滿她的內心空隙，所以決定協助千尋成功談戀愛。他打算幫千尋分析對象，選擇可攻略的路線，藉此捕捉驅魂。對戀愛瞭若指掌的桂馬是攻陷之神，他運用策略快速拉近千尋和勇太同學的關係。

如同上述情節，桂馬總是勤於分析狀況。只要了解現況、目標以及該做的事，就能想出好方法。雖然桂馬並非運用會計學，但在分析這一點，有異曲同工之妙。如同桂馬所言，沒有分析就無法畫出攻略路線。

要分析企業，就必須分析會計數字。請務必了解財務三表的內容，掌握企業的現況。

資產負債表顯示企業資金來源和用途

本章目前已說明從會計學可了解企業的現況並加以分析，以下就來認識財務三表的基本結構與用途。

財務三表的其中之一是**「資產負債表（B/S）」**，顯示至會計期間最後一日為止的企業資金來源和用途。資產負債表的左右兩欄最終會顯示相同的金額，如同取得平衡般，因此又稱為**「平衡表」**。接著來看看左右各有什麼項目。

資產負債表右半部是企業的資金來源

企業爲了經營運作，必須握有作爲本金的資金。**資產負債表右半部記載著企業的資金來源**，其中籌錢的方式又分爲三種。

①向金融機構等單位借錢
②向投資人募錢
③透過企業本身的運作產出

①向他人借的錢稱爲負債，②投資人交付的錢與③公司本身留下的錢，合稱股東權益。

資產負債表（B/S：Balance Sheet）

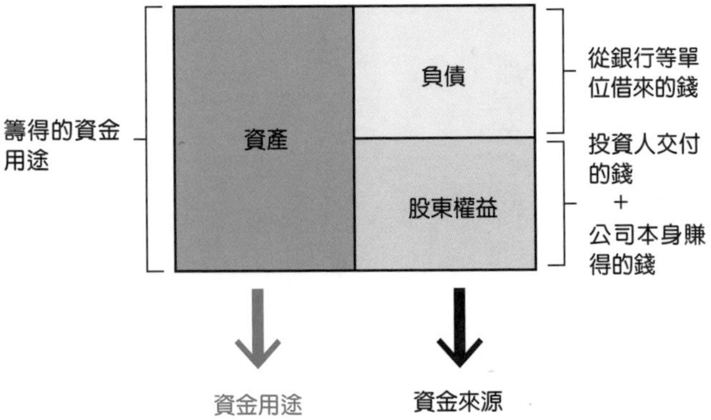

資產負債表左半部是企業的資金用途

左半部記載著資金用途。

企業會使用籌來的資金購買製造產品用的工廠、設備、產品零件材料、軟體等，使用籌來的資金購買這些資產。

一年以內可變現的物品稱爲流動資產，需要花一年以上的，則稱爲非流動資產。流動資產包含現金、應收帳款、代表庫存的存貨。

保有超過一年的資產爲非流動資產，包含製造產品用的工廠、生產用設備、土地等。

準備資金與資產，才能讓企業運作，並產生營收。

資產負債表並不單純只是數字越大越好。不同的產業、行業，會有不同的項目大小、占比（例如：製造業通常有工廠，因此非流動資產較大）。

此外，切入的比較觀點也很多樣。像是負債小，未必就是好，重要的是妥善保有財務三表中的收益和現金流（後述），並檢視公司的策略是否奏效。

綜合損益表記載公司的營收、利潤和花費

財務三表中的第二項為「**綜合損益表（P／L）**」，顯示企業在一定期間賺了多少／虧損了多少，以及為此所花費的支出。

收益方面分為五種，表示公司賺錢的管道。只要了解每一項的含意，就可以了。

①**營業毛利**：營業收入減去營業成本後的數字，也就是賣價減掉生產費用與進貨費用的數字，也稱為毛利。

②**營業利益**：代表本業收益的數值，是顯示公司事業強度的重要項目。

③**經常利益**：本業收益（營業利益）加上本業以外的事業所得收益（例如：將辦公室的閒置空間出租所獲得的租金等）。

④**稅前淨利**：認列稅金之前的淨利。

⑤**本期淨利**：扣除稅金後，公司剩

綜合損益表（P/L：Profit And Loss Statement）

營業收入 （－）營業成本
營業毛利
（－）營業費用、管理費用
營業利益
（＋）營業外收入 （－）營業外支出
經常利益
（＋）特別利益 （－）特別虧損
稅前淨利
（－）公司稅等 （－）少數股東權益

餘的最終收益。

重點在於檢視各種收益，了解賺錢的收益項目（支撐公司的運作）以及支出較高的項目。這麼做就可以掌握公司收益成長或下跌的原因（例如：雖然營收成長，但廣告宣傳費支出比前一年高）。此外，只要將各收益項目與同業其他公司相比較，就能從各公司之間的差異了解公司的強項與問題。

企業建立營運計畫，然後將籌得的資金投資運用（記載於資產負債表），將營運成果化爲營業收入，反映在綜合損益表上。然後，將綜合損益表上的淨利納入資產負債表右半部的股東權益，便成爲投資本金（前文第一百五十六頁的圖）。資產負債表和綜合損益表的數值之間有這樣的關係，顯示出企業運作的金錢流向。

現金流量表清楚顯示現金流向

資產負債表和綜合損益表都有認列標準，必須依照規定的時間記載各項數字。這裡不談其細節，不過所謂規定的時間與眞正收受現金的時間有落差，因此光靠資產負債表和綜合損益表，尙無法掌握正確的現金調度。

爲了彌補這一點，會使用**現金流量表（CFS），能檢視現金的增減**。只要看現金流量表的內容，就能了解企業的現況。假設企業的現金增加，但如果增加的現金並非來自本業，而是販售資產、向人借款而使現金增加，那就會成爲該企業的課題。

現金流量表包含以下三個項目：

①**營業現金流量**：進行與本業相關的活動而產生的現金流量，通常會希望此項目爲正

數，數字越大，代表公司營運狀況越良好。

②**投資現金流量**：顯示企業對維持營運和擴展業務所需的資產投資現金流量，若爲負數，代表投資大於賣出，若爲正數則代表資產的賣出金額較大。

③**籌資現金流量**：資金借入、償還等籌資活動的現金流量，若爲正數，代表借入大於償還，若爲負數則代表償還金額較大。

現金流量表（Cash Flow Statement）

營業現金流量	＋ −
投資現金流量	＋ −
籌資現金流量	＋ −
現金餘額	

這三項金額合計則代表企業於該期間的現金增減額（相當於資產負債表的流動資產變動額）。透過檢視各項目為正或負，可掌握企業的狀況。

舉例來說，假設某企業的現金流量表顯示「營業現金流量為正、投資現金流量為負、籌資現金流量為負」。

這代表這家企業藉由本業賺得現金，又再投資設備，並且償還借款，可以說是狀況絕佳。

如前述所示，我們可以從現金流動狀態掌握企業的狀況。對一間公司來說，營收和收益都很重要，但**也能透過現金增減來進行分析**。了解現金增減的原因也很重要。

如同到目前所述，透過比較財務三表，能對自家公司進行分析。

舉個例子來說，假設自家公司的收益和過去相比為減少，原因是營業成本每年都比前一年多百分之一。拿其他競爭對手的數值來比較，發現自家公司的收益低百分之五，能使用於投資的資金很少，可以知道這就是課題所在……像這樣運用數字來說明，就能在公司內得到同仁的認同，並且發現課題，效果多重。

試著檢視與自己日常業務相關的會計數字，並且多加善用吧。

重點

運用財務三表，分析企業的狀況。

Chapter 7

從《Dr.STONE 新石紀》學習財務管理

這項事業真的能賺錢嗎？

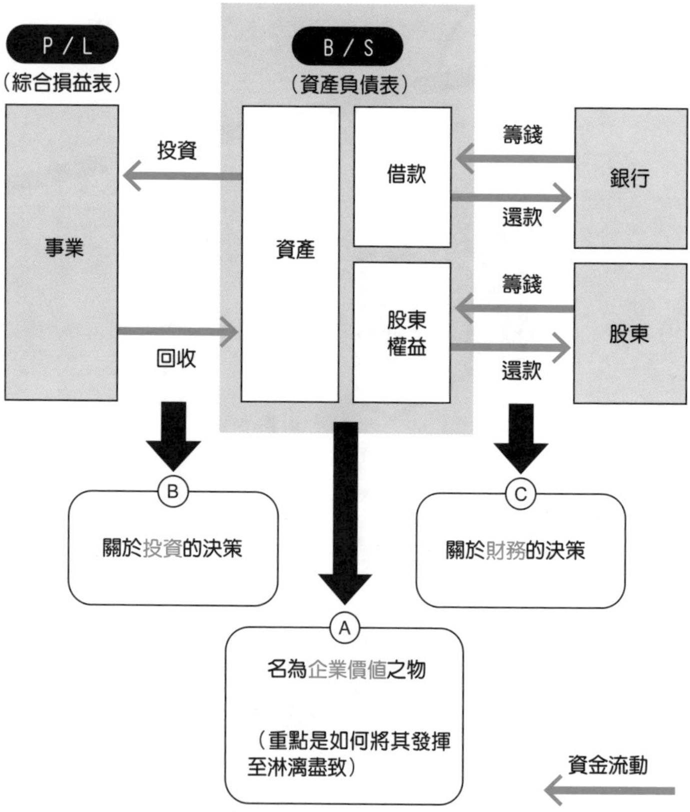

出處：GLOBIS經營研究所《GLOBIS MBA管理書》鑽石社出版

本章整體說明圖

《Dr. STONE 新石紀》

- 原作：稻垣理一郎
- 作畫：Boichi
- 出版社：集英社

故事大綱

石神千空是擁有過人的科學知識的男高中生。死黨大木大樹則是千空口中「四肢發達的笨蛋」，為人老實又善良。他們遭遇到「全世界的人都突然石化」的神祕現象，原先和平的生活就此變調。

不知是巧合還是注定，兩人在數千年後從石化中甦醒，見到過去的城鎮全埋在叢林中的樣貌。為什麼會發生石化現象呢？該怎麼做才能從石化現象中解救親愛的家人和朋友呢？這個城鎮、這個世界能恢復成原先的狀態嗎？為了解開這些謎團，他們的首要之務是在這個叢林中生存下來。

這部科學戰鬥漫畫講述千空如何運用現代科學知識，從零開始創造文明，一口氣追上三千七百年的空白。

finance

1

什麼是財務管理？

「我要靠科學之力，把所有40人的人力，通通掌握在手中！」

石神千空（第三集　第二十七頁）

人物相關圖

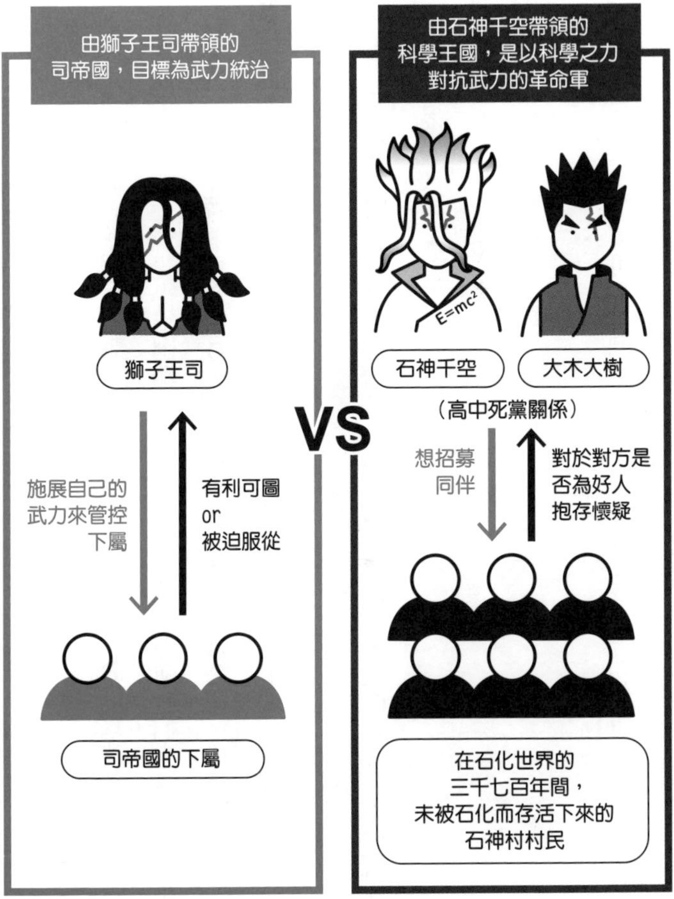
由獅子王司帶領的
司帝國，目標為武力統治
獅子王司
施展自己的
武力來管控
下屬
有利可圖
or
被迫服從
司帝國的下屬
VS
由石神千空帶領的
科學王國，是以科學之力
對抗武力的革命軍
E=mc2
石神千空
大木大樹
（高中死黨關係）
想招募
同伴
對於對方是
否為好人
抱存懷疑
在石化世界的
三千七百年間，
未被石化而存活下來的
石神村村民

其實財務管理很貼近我們的生活

翻開字典查「財務管理」一詞，會出現「財政、金融、籌措資金」等相關詞彙。從字面來看，或許會覺得很困難，不過，其實財務管理與我們生活周遭的事情息息相關。例如：雅虎買下經營ZOZOTOWN的ZOZO公司，或是自己持有的股票股價漲跌起伏，還有銀行的利息因債務人本身或其公司而異，這些都和財務管理有關。

財務管理原本就是使用複雜的公式，來判斷事業能否賺錢的方法。本節將先講述財務管理的重要概念。

從財務管理思考資金流動

從第一百八十頁的圖可以看到資金流動，並且分成銀行和股東等願意借錢給企業的人，還有企業（資產負債表）以及企業投入資金的事業（綜合損益表）。

在這三者的關係中，企業爲了提高自家的企業價值（第一百八十頁的A），會進行投資決策（B）來決定如何投資，也會進行財務決策（C）來決定如何籌措和分配資金。在進行投資決策和財務決策時，就會使用到財務管理。

企業需要資金才能開啓新的事業。此時，企業會一點一點運用過去的事業所累積的資金，投入到新的事業。但若資金仍然不足，就會向銀行借錢，或是向股東籌錢（C）。

不過，銀行和股東當然不會白白借出資金。因爲企業會繳交利息或是發放股利，對銀行和股東來說，有利可圖，所以才願意借出資金。在這裡，銀行和股東所謂的「利」就是企業籌措資金的成本。

付出成本才能得到想要的東西

我們來從漫畫中看看銀行和股東的「利益」，與企業籌措資金的成本之間的關係。

經過反覆的實驗，千空完成了能讓石化後的人甦醒的復活液。爲了度過某個難關，千空先讓文武雙全的最強高中生獅子王司復活了。

然而，雖然獅子王司是個優秀的人才，卻擁有危險的思想，打算以武力統治國家。而千空的目標是讓所有人類復活，與只想依自我喜好選擇是否復活他人的司之間，存在極大的歧見。

隔沒多久，司就認爲千空會阻礙自己的理想，於是打算解決掉千空。千空好不容易從司的手中死裡逃生之後，便計畫增加同伴、運用科學之力打倒司。

千空湊巧在叢林裡遇上了人口約四十人的石神村村民，打算讓這些村民加入自己的陣營。但是，村民一開始並不接受這個突然冒出的少年。因此，千空決定運用科學之力提供村民「利益」，一點一點增加己方陣營的人手。

千空採用的手段包含研發藥品來治療村民視爲巫女的少女琉璃的病，還有發明美味的食物、製作電燈照亮黑暗。千空透過科學使村民的生活變得富庶，就此得到了四十個同伴。

籌錢的成本是籌錢對象的獲利

身爲領導者的千空，認爲這個組織最大的目標，就是從神祕的石化現象中救出所有人類，並且恢復人類的社會。爲了達成這個目標，首先必須成功打倒有威脅性的獅子王司所帶領的司帝國。

石神村村民就如銀行和股東，能提供完成這個計畫所需的資源。而千空籌措資源的成本，是「使村民的生活變得富庶」，那也是村民提供資源而得到的回饋。

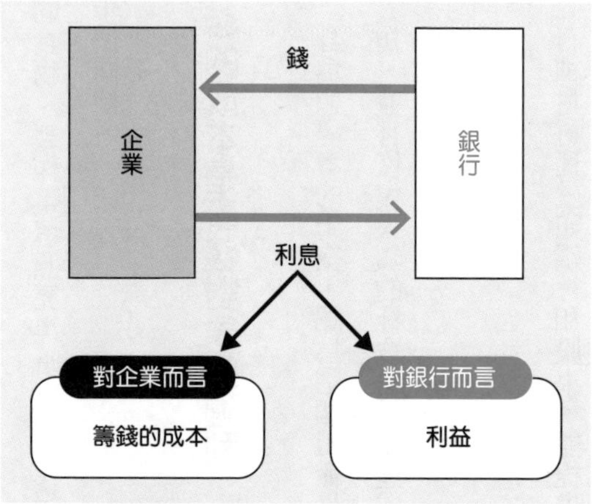

錢
企業
銀行
利息
對企業而言
籌錢的成本
對銀行而言
利益

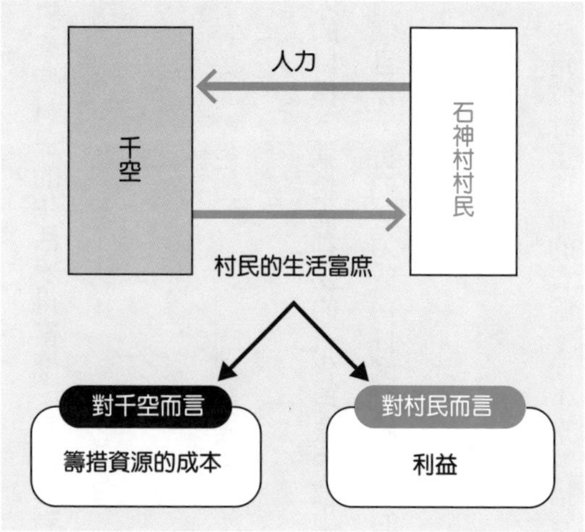

人力
千空
石神村村民
村民的生活富庶
對千空而言
籌措資源的成本
對村民而言
利益

千空增加同伴之後，就運用村民提供的人力，執行打倒司帝國的計畫。他將「運用人力而獲得的科學技術」與「打倒司而獲得的人身安全」連結到下一個計畫。

千空相信，他所執行的計畫，也就是打倒司帝國並建立科學王國，能化爲自己與所有村民的利益。

如果想要讓計畫成功，就必須篤定這個計畫所產生的利益，能超過籌措資金的成本。

重點

籌措資金→投資事業→提高企業價值→將獲利投入下個事業，檢視這樣的資金流動，就能看見經營者與股東的視角。

finance

2

企業推動事業的目的是什麼？

「世界總算要開始變豪華啦！充滿比司樂園開心100億倍的遊樂設施的科學王國……！」

石神千空（第四集　第八十頁）

人物相關圖

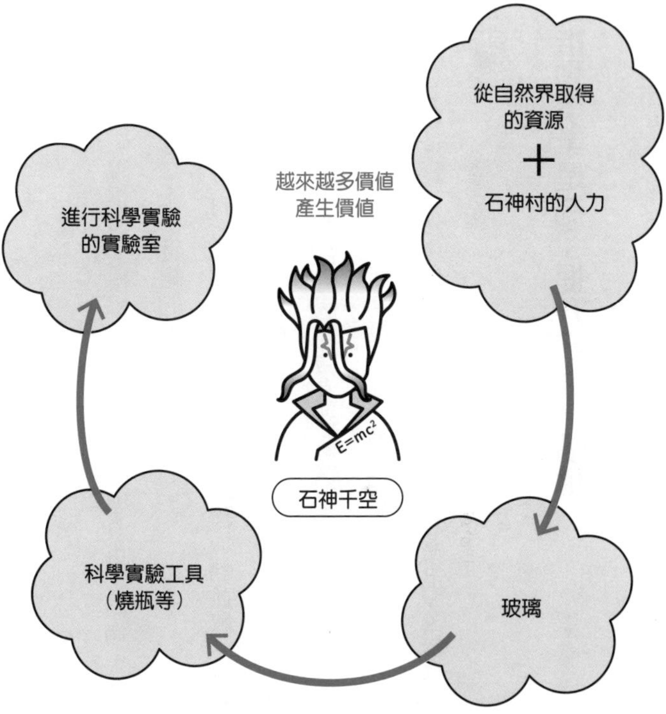
從自然界取得
的資源
＋
石神村的人力
玻璃
科學實驗工具
（燒瓶等）
進行科學實驗
的實驗室
越來越多價值
產生價值
E=mc2
石神千空

價值會產生價值

千空身處於叢林，說這是與科學技術不相干的地方也不為過，但他仍然憑藉自己的知識，開發出存在於二十一世紀的技術和產物。

例如：他將自然界中的沙子、貝殼、海藻、礦物加熱並混合，製造出玻璃。然後，他運用那個玻璃，製作出科學實驗必備的工具。接著，他將這些工具集結起來，設立進行實驗用的實驗室。他在這個實驗室裡繼續製造出新的產物……也就是說，一次的投資不會止於一次的成品，而是接二連三地持續提升價值。

反覆籌措資金並投資，然後持續製造出新的技術和產品，就像是**「科學王國持續提升價值的狀態」**。

企業持續推動事業是為了提升自身的價值

說起來，企業是為了什麼而籌措資金、備齊材料和人力並推動事業呢？

企業這麼做的目的是要提升企業價值（第一百八十頁的A）。

企業價值指的是企業未來打算產出的服務與產品的總量。簡單說，可以想成是企業未來將賺得的收益總計。如果企業未來可能會產出很多收益，那企業價值就會變高，但如果預估未來可能不會產出多少收益，那企業價值就會降低。

新聞常說某家企業發生醜聞導致股價下跌，或是推出熱銷商品因此股價上揚。股價就是一種代表企業價值的指標，對企業來說，自家公司的股價高，反映的就是社會對公司的未來給予高度肯定。

重點

企業為了提升自家的企業價值，會反覆籌措資金並投資事業。

「我很猶豫唷……到底要不要背叛司，投靠千空弟弟這邊呢？司帝國VS科學王國到底哪一邊會贏呢……？」

淺霧幻（第三集　第一百五十四頁）

人物相關圖

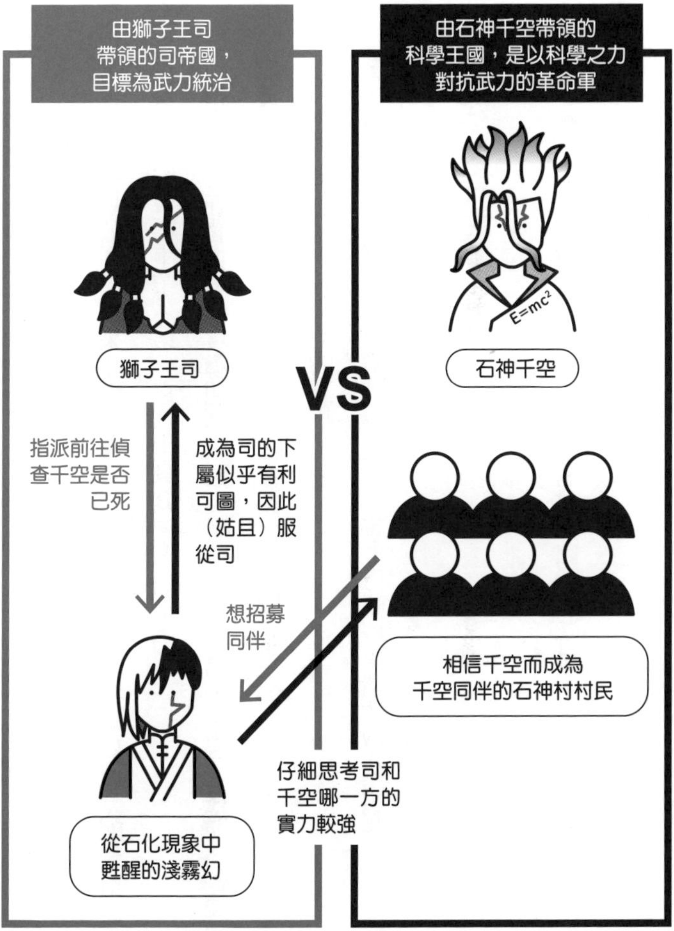
由獅子王司
帶領的司帝國，
目標為武力統治
由石神千空帶領的
科學王國，是以科學之力
對抗武力的革命軍
E=mc2
獅子王司
VS
石神千空
指派前往偵
查千空是否
已死
成為司的下
屬似乎有利
可圖，因此
（姑且）服
從司
想招募
同伴
相信千空而成為
千空同伴的石神村村民
仔細思考司和
千空哪一方的
實力較強
從石化現象中
甦醒的淺霧幻

經營團隊如何判斷事業的優劣？

企業會一邊考量公司的未來和整體資金使用比例，然後決定如何分配籌措而來的資金，以及投資的目標事業（第一百八十頁B）。

說到投資，也許有很多人會聯想到股票買賣或外幣交易，不過，**在財務管理的領域中，投資指的是「企業將資金投入某個事業」**。新聞常說的「接下來的時代應將資金投資在人才培育」，也是相同的意思。

那麼，當企業要進行投資決策時（B），會考慮哪些事情才做決定呢？

無法預測結果代表高風險

千空逐漸打動石神村村民，獲得了數名村民同伴的時候，出現了名爲淺霧幻的神祕少年。

其實，幻是司指派前來村子的刺客，因爲司想確認自己所打倒的千空是否真的死了。

幻來到石神村附近，確認了千空仍然活著的事實。幻本來可以立即回到司那邊，回報千空仍存活的事，但他卻思考起千空和司誰的贏面較大，因爲他打算加入贏家陣營，以爭取自己活命。

對於千空帶領的科學王國而言，幻的出現是危機也是轉機。如果能巧妙拉攏幻加入己方陣營，對司釋出「千空已死」的假消息，就能擾亂敵方的判斷。

但若與幻爲敵，他就會立刻向司報告千空還活著的事以及千空今後的計畫，那麼一切就會完蛋。

一旦確定幻是完全的同伴或是敵人，就能立即擬定對策。例如：在幻回到司那裡前，多爭取時間，或是製造千空已死的事件，讓幻進行錯誤的報告就行了。

但是，他們無法預測幻到底會選擇跟隨司，還是導向千空那方。也就是說，**無法預測幻的行動——這件事本身存在著高風險。**

最後，幻輸給了千空投注於作戰計畫的熱忱，也輸給自己的好奇心，決定成爲科學王國的一員。千空成功將幻的出現所帶來的風險降至最低。

風險不等於危險

「高風險高報酬」這句話應該任誰都聽過吧？可能有很多人將這句話理解爲「爲了獲得高收益，會伴隨巨大的危險」。

「風險」在日語中常被解讀爲「危險」之意，但其實在財務管理的領域中使用的「風險」一詞，指的是預測結果的「變動範圍」。

低風險指的是**預測結果的變動範圍小，也就是容易預測結果**。反之，高風險則是指**預測結果的變動範圍大，不確定最後結果是否會翻轉**。

這裡有「①放了一星期的牛奶」和「②放了一年的牛奶」，如果要喝這些牛奶，那麼哪一個是高風險呢？

假設以一般的語意理解，吃壞肚子的危險性較高的是②，所以高風險的是②的牛奶。

但若以財務管理的角度來看，能預測結果絕對會吃壞肚子（預測結果的變動範圍小）的是②。另一方面，喝下①的牛奶，有的人可能會吃壞肚子，也有人不會吃壞肚子。也就是說，①的牛奶較難預測結果，所以是高風險。

經營團隊觀察事業的獲利能力和準確度

經營團隊會思考對現在的公司來說，最能提高價值的事業爲何，並在風險和報酬之間取得平衡，進行投資判斷。

風險指的是預測結果的變動範圍，報酬則是從投資結果獲得的回報。對經營團隊來說，「難以預測結果，結果可能會反轉」是很恐怖的事。所以，經營團隊除了判斷投資金額能多快回收並由虧轉盈的獲利能力，也會將預測收益的準確度當作判斷標準之一。

POINT

這個事業真的會賺錢嗎？最後會留下盈餘嗎？探討這些的，就是財務管理。

Chapter 8

從《排球少年!!》學習經營策略

為了持續獲勝，你是否有策略？

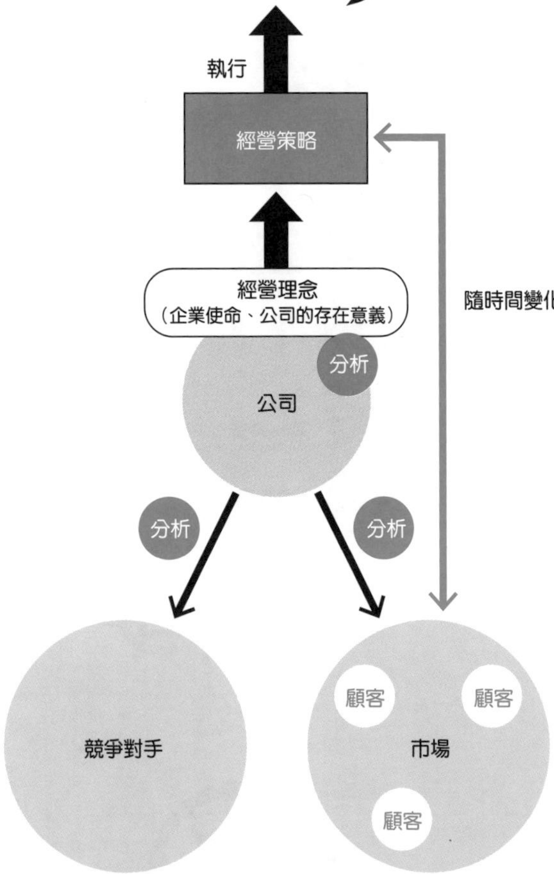

本章整體說明圖

《排球少年!!》

●作者：古舘春一
●出版社：集英社

故事大綱

日向翔陽很崇拜帶烏野高中排球社打進全國大賽的「小巨人」，卻在國中最後一場比賽中，輸給了天才舉球員影山飛雄的球隊。

日向誓言報仇而進入烏野高中排球社，沒想到當時打敗自己的影山也在這裡。

對比過去曾打入全國大賽，現今的烏野高中排球社常被揶揄是墜落的強豪、不會飛的烏鴉，但因為日向與影山的組合搭配，激發社員們努力練球，球隊實力逐漸變強。

這部作品描寫球隊在自由球員歸隊、主攻手復活、名教練就任之後持續蛻變，目標指向全國大賽。

什麼是經營策略？

「這次我們的表現失誤較少，我們的強力武器也有發揮效果。不過，還是沒有贏……音駒的厲害之處，不在於「個人」，而在於他們被訓練成一支團結合作的「球隊」。」

烏養繫心（烏野高中排球社教練）（第四集　第一百六十九頁）

人物相關圖

烏野高中排球社
日向翔陽
影山飛雄
多名具備高超能力的球員
VS
音駒高中排球社
雖然個人能力並不是特別傑出，但擁有高超的接球技術，不會讓球落地，而是送到身為司令塔的舉球員手上，以此策略迎戰

經營策略的重要性

經營策略指的是**公司為了達成目的，也為了持續保持競爭優勢，而建立起來的行動計畫**。

如果分別去看每家公司的經營策略，就會發現各家公司的目標和競爭優勢不同。換句話說，每家公司的經營策略都不一樣。

不過，並不是每家公司都有經營策略，也有公司並未建立起明確的經營策略。畢竟沒有經營策略也能讓公司運作下去，公司高層就會覺得不需要建立策略吧。但是，如果一間公司沒有經營策略，很有可能將會無法持續運作。

簡單來說，經營策略就是擬定**如何持續獲勝的計畫**。要持續獲勝的關鍵之一，就是了解對手和環境。

從烏野高中和音駒高中看見經營策略的影響

我們來看看《排球少年!!》裡的情節。

在高中盃預賽前，烏野高中和過去的競爭友校音駒高中排球社比了練習賽，結果敗給音駒高中。

烏野高中擁有天才舉球員影山飛雄、握有怪人快攻這項武器的日向翔陽、復出的主攻手、身體素質優異的自由球員，球隊上有多名具備高超能力的球員，而音駒高中卻沒有特別突出的球員。

這時的烏野高中雖然以球員高超的個人能力來出擊，但「球隊整體的強項」尚不明確。另一方面，音駒高中的球員雖然個人能力並未特別突出，但擁有非常高超的接球能力，並以此爲武器，將球串聯起來，送到舉球員所在的位置，由舉球員孤爪研磨來舉球，他的技巧足以擾亂對手，進而得分。

音駒高中在比賽開始前的喊聲，就像是在說自家的經營策略般。

「我們是血液……必須順暢無礙地流動，傳送氧氣……為了讓『腦』正常地運作。」

因爲有這樣的經營策略，才能發揮出球隊整體的強度，打敗個人能力強卻缺乏策略的烏野高中。

或許缺乏經營策略也能暫時獲勝，但無論是在排球場上，還是公司裡，一定存在其他能力更強的人。而擁有經營策略的人能提高綜合能力，若缺乏經營策略，就無法持續獲勝。

為什麼要理解經營策略？

音駒高中獲勝的原因並不只是因爲擁有明確的經營策略，也因爲他們所有社員都**理解並執行策略**。

光是建立經營策略仍無法獲勝，經營策略只是行動計畫，計畫必須執行才有意義。

如果一家公司訂定策略，打算引進新的技術，但人事考評仍以年資爲依據，或是員工挑戰失敗會遭受責罵，這種公司文化大概無法實現那樣的經營策略吧。

關鍵在於計畫的具體程度，例如：對勇於挑戰的員工加分，或是要求每個月提出五個新技術報告，將這些措施導入制度。

音駒高中的社員都理解自己球隊的策略，再加上勤於練習接球，以及如負責攔網員位置的犬岡走般專心精進攔網的技術。

公司也是，如果員工不理解經營策略，不曉得自己該執行什麼，那就只是紙上談兵而已。

重點

經營策略是為了持續獲勝而建立的行動計畫。即使在缺乏經營策略的情況下能獲勝，也無法持續地獲勝。請理解經營策略，並思考自己該做的事。

management strategy

2

公司的目的是什麼？

「我也想要凌駕一切對手的那種純粹實力。」

鷲匠鍛治（白鳥澤學園高中排球社總教練）

（第二十一集　第五十八頁）

人物相關圖

春季高中排球宮城縣代表決定戰

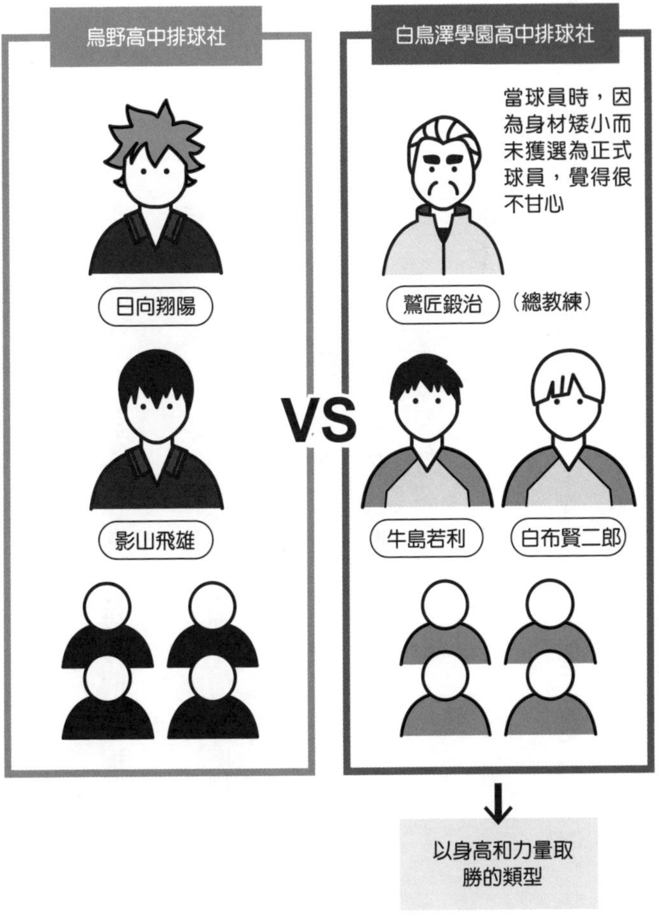

公司的目的以經營理念為本

在第兩百零六頁說明經營策略時曾提到「公司爲了達成目的」，那麼公司的目的又是什麼呢？

製造收益、維持僱用……公司的目的可謂五花八門。而不論是什麼樣的公司，製造收益都是最大的前提。

經營策略背後的公司目的蘊含遠大的理想，像是想建立某種文化、想改變社會等等，這些目的的根基在於公司的經營理念以及企業使命。

經營理念、願景和經營策略

經營理念也可以寫成「企業使命」或是「企業哲學」，代表的是「公司的存在意義」——公司爲了什麼而存在、能對社會貢獻什麼樣的使命。

順著公司的經營理念，公司和員工想創造的未來樣貌以及想形塑的未來形象就稱爲「願景」。

公司從經營理念形塑願景，又爲了達成願景而建立經營策略，理念和願景也可以說是決定策略以及執行策略的源頭。

理念引導策略

我們來看看《排球少年!!》中從理念建立策略的例子。

烏野高中進入春季高中排球宮城縣代表決定戰的決賽，對手是宮城縣高中盃代表學校——人稱縣內最強的白鳥澤學園高中。白鳥澤學園球隊中的中心人物牛島若利是全國數一數二的主攻手，個人實力超過高中等級。

白鳥澤學園的策略是運用個人的高超能力、主攻手過人的身高以及力量來取勝，可以說是既正統又簡單的策略。

白鳥澤學園的鷲匠總教練會採取這個策略，是源自自己以前當排球員時的強烈憧憬。由於鷲匠總教練身材矮小，當球員時未獲選爲正式球員而感到很不甘心。他和想要尋找矮個子作戰方法的日向不同，而是帶著忌妒的心情，希望自己也能長高，然後擁有很強的力量。

以這樣強烈的忌妒心和憧憬的心情爲出發點，「身高和力量才是強」成了鷲匠總教練的理念，也成爲白鳥澤學園排球社的經營策略。

如同鷲匠總教練，企業的理念和願景也常源自過去令人印象深刻的經驗和強烈的心情。經營理念和經營策略之間存在緊密的關係，因爲擁有想要達成的心願，所以才能想出經營策略。

回顧的重要性

一旦開始執行具體的行動計畫，很容易就會受到眼前渺小的事件所影響，而忘記根本目的。

在與烏野高中的比賽中，白鳥澤學園的舉球員白布賢二郎因影山的舉球才能而感到焦躁，不僅被對手得分，還因爲想施展自己的舉球技巧來壓過對手，而未執行將球集中給主攻手牛若的策略。

這個舉動成爲白鳥澤學園的失分關鍵，因此讓烏野高中拿下一局，但白布賢二郎重新想起自己的出發點，也就是白鳥澤學園的理念「身高和力量才是強」，將烏野高中抵擋到最後。

當你感到迷惘、痛苦，一直做不出成果時，請回頭想想經營策略的目的，以及想藉由執行經營策略達成的經營理念和使命吧。

這麼做就能注意到目前的堅持偏離原先的目的或目標，而重新想起眞正想達成的事。

重點

經營策略因經營理念而生。越是迷惘的時候，越要回顧經營理念。

相較其他公司優勢的「競爭優勢」

「爲了得到實力而追求的，是安定？還是進化呢？」

貓又育史（音駒高中排球社總教練）（第九集　第一百六十八頁）

人物相關圖

烏野高中排球社

- 仰賴快攻策略挑戰集訓

➡ 不太出現多元變化

音駒高中排球社

- 以接球為強項
- 一直缺少強勁的扣球能力

➡ 加入高個子球員

白鳥澤學園高中排球社

- 以主攻手的身高和力量取勝

青葉城西高中排球社

- 在烏野高中使用怪人快攻時，事先調查暗號並擬出對策

運用架構進行市場分析

在思考經營策略時，市場分析是必備的步驟。

爲進行市場分析所使用的工具則是商業架構，也就是一種思考框架，以合理、有效率而且淺顯易懂的形式推動工作。

本節將從各式各樣的商業架構中，介紹具有代表性的3C分析。

3C分析是一種分析方法，透過分析三個C開頭的類別，鉅細靡遺地考察事業環境條件。

①Customer（顧客、市場）

調查市場規模、成長潛力、顧客的需求和行動等。從已知的事實和定性內容，甚至定量數字中，建立假說尋找其所反映的狀況。烏野高中在春季高中排球宮城縣預選決賽中，看準比賽爲五戰三勝制，比平常的三戰兩勝多比兩局，因此擬定策略消耗對手白鳥澤學園的主攻手牛島，盡可能削弱他的得分能力。

②Company（自家公司）

分析自己的強項和弱點。音駒高中的接球能力很強，但扣球能力並不強，爲了補足這個弱點，他們招進了一位高個子球員。這可以說是由分析結果來決定策略。

③Competitor（競爭對手）

分析其他公司的強項和弱點。青葉城西高中事先調查烏野高中，破解了烏野高中使用怪人快攻時的暗號。

關鍵成功因素和競爭優勢

只要成功分析顧客和市場，就有機會看見在市場推動事業的致勝鑰匙。這把鑰匙就是**關鍵成功因素**（Key success factor、KSF）。

在《排球少年!!》中，講求的是在排球運動中獲勝的鑰匙。爲了方便說明，我將排球的關鍵成功因素稍微抽象化，設定爲「避免比對手先讓球落地」。

這麼一來就很清楚了，可以知道各高中採取不同的策略來達成這個目的。

白鳥澤學園的強項是運用王牌的身高和力量，讓球掉在對手界內；音駒高中的強項是磨練接球的能力，不讓球掉落在自己界內。像這樣洞悉自己的強項，以促成關鍵成功因素，讓自己比競爭對手處於優勢，就稱爲**「競爭優勢」**。

但是，關鍵成功因素並非一成不變，而是隨著時間而變化。排球比賽如果因時空環境不同，而出現不同的規則，那關鍵成功因素也會改變。

請每隔一段時間分析外部環境的變化。**持續調整自己的競爭優勢，才能確保持續的競爭優勢**。

改變競爭優勢

烏野高中在夏季的高中盃落敗後，誓言要在春高扳回一城，於是參加了關東主要四校的聯合集訓。

與烏野高中很有淵源的對手音駒高中也參與其中，不過這次音駒高中加入了新成員灰羽利耶夫，他的身高達一百九十四公分，擔任攔網員，並未參加之前的練習賽。

音駒高中過去以高超的接球能力爲強項，將球適當地傳給舉球員孤爪，但爲了更加靠近勝利，便將影響關鍵成功因素的「身高」納入了自己的球隊。對音駒高中來說，其他高中當然是競爭對手，於是選擇了能比競爭對手處於優勢的改變。

另一方面，烏野高中和高中盃比賽時相同，仰賴快攻來挑戰這次的集訓，結果比不上那些專門強化練習力量、合作、發球的學校。

這時日向發現必須建立新的競爭優勢，而決定提升自己在空中的技術。其他社員也呼應日向的鬥志，除了加強自己的強項，也增加其他附加價值，努力建立球隊的競爭優勢。

阻礙改變的因子

如同前述，烏野在高中盃的宮城縣預選中落敗，但他們並未改變以日向的怪人快攻作爲誘餌的競爭優勢，也打算在春高繼續以這個策略比賽。

雖然知道對戰對手會研究自己，所以必須改變策略才能變強，但即使烏野的人在集訓中深刻了解他們無法以現在的力量打進全國，也無法就此改變策略。

公司也是如此，一旦建立起競爭優勢，目前爲了建立競爭優勢而準備的設備和資源會變得巨大，而難以著手進行改變。

烏野高中排球社也爲了是否改變而感到遲疑，因爲他們無法否定過去運用怪人快攻而能夠迎戰強敵的成功經驗。

人類原本就具有拒絕改變的特質，因此從某種層面來說，阻礙改變、受困於過去的成功經驗、對於改變後出現的新工作感到厭惡，都是無可奈何的。正因如此，我們更**不能滿足於現狀，必須時常改變**。

日向在為了春高而做準備的集訓中，展現了想改變自己的態度給其他社員看。烏野高中排球社因此決定要改變，各自練習起與過去不同的技巧以及戰術。

領導者不論身分或年資，只要擁有熱忱和堅定之心，持續嘗試改變，就能如日向般為整間公司帶來競爭優勢的改變。

重點

從分析結果建立競爭優勢之後，仍要繼續改變。別害怕建立新的競爭優勢，請將時常改變銘記在心。

management strategy

4

結構化並建立行動計畫

「請讓我上場表現一番！」

山口忠（第十五集　第兩百一十一頁）

人物相關圖

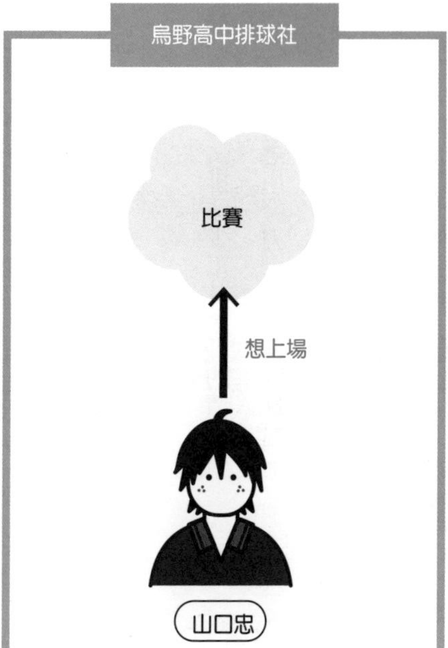

- 實力比不上同為一年級的日向和影山等人，因此無法上場比賽
- 將不甘心化為動力，勤練發球，在危急時刻替換上場發球，成為球隊的武器

結構化的重要性

決定競爭優勢後，必須建立能長久維持競爭優勢的結構和制度。這就稱爲「結構化」，從文化、心態、價值觀等抽象的方面到人事制度、考評、招募方式等等，可以從多方面下手。

我們來確認《排球少年!!》裡的情節。

烏野高中常選用努力磨練武器的球員。

在危急時刻替換上場發球的山口忠，入社時，實力比不上同爲一年級的日向和影山等人，因此無法上場比賽，只能當板凳球員。但山口將那股不甘心化爲動力，因此他勤練發球，在危急時刻替換上場發球，成爲烏野的武器，多次在比賽關鍵時刻被換上場。

我們可以說，烏野將「努力就能上場比賽」的行動化為結構。烏野的經營策略是時常督促自己成長和改變，這個策略與結構化的方向一致。

文化與行動計畫的整合性

如果將烏野高中的烏養教練看作是主管，就會發現策略執行關鍵的球員心態和烏野高中的文化，是透過建議和評價所建立起來的。

在春季高中排球的縣代表決定戰初戰中，山口在烏野高中的局末點替換上場發球，卻因為害怕自己作為武器的跳躍飄浮發球會失敗，而選擇了普通的發球。

烏養教練對山口害怕失敗的心態非常憤怒，遠遠蓋過拿下這一局的喜悅。

此時，山口想起以前烏養教練在練習賽說過的話：「不會有人責備想積極取勝的發球」。烏養教練無論練習還是比賽，都始終如一，希望培養出烏野高中無懼失敗而挑戰的精神。

烏野高中汲取多樣化的攻擊方法作爲策略，很適合無懼失敗並持續進攻的文化。這樣的策略與文化和制度保持一貫性，可以說是**「取得良好的整合性」**。

整合性產出結果

比賽結束後，山口對於自己未勇於挑戰這點感到憤怒，便直接找上烏養教練，訴說自己想要挑戰的心情，要求教練在下一場比賽派自己上場。

烏野高中爲了執行策略，建立了不怕失敗而持續攻擊、充滿挑戰精神的文化。山口表現了想挑戰的決心，派山口上場也符合與策略取得整合性的行動，因此烏養教練在下一場比賽中也派山口上場。

結果，山口在與宿敵青葉城西高中的決戰中，連續取得四次發球權，做出極大貢獻，讓烏野高中挺進決賽。

某家資訊科技公司從以販售爲主的策略，轉變爲以技術爲主的經營策略，變得隨時需要挑戰新的領域。

結果，那家公司的離職率下降，福利變好，拉長時間進行考評，成功維持甚至提升技術能力。此外，從以往的販售改爲提出新事業以及建立新服務，塑造出容易開口討論的職場環境，也整頓了考評制度，達成公司飛躍性的成長。不僅是策略，還一起改變了文化和制度。

當文化、制度與策略取得良好的整合性，員工便能對公司的經營策略產生認同，而且能確立競爭優勢，成爲市場上的王者。

重點

思考如何整合形塑策略的事物，並付諸行動執行，便是實現策略的真諦。

Chapter 9

從《ONE PIECE航海王》學習「志向」

你有誓言賭上人生追求的事物嗎？

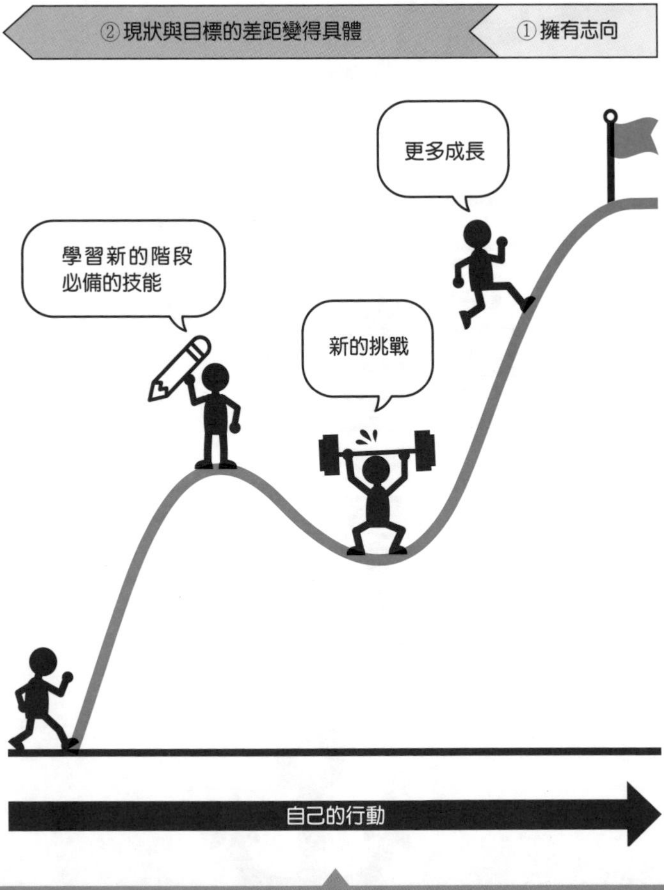

本章整體說明圖

《ONE PIECE 航海王》

- 作者：尾田榮一郎
- 出版社：集英社

故事大綱

為了爭奪過去的海賊王哥爾・羅傑所遺留的祕寶ONE PIECE，世界迎來各地海賊橫行的大海賊時代。主角蒙其・D・魯夫為了成為海賊王，而將目標指向祕寶ONE PIECE。在旅程中，魯夫會出手相助有困難的人和受苦的人。過程中，劍士索隆、航海士娜美、狙擊手騙人布、廚師香吉士、船醫喬巴、學者羅賓、船匠佛朗基、音樂家布魯克加入成為夥伴。

以魯夫船長為首的「草帽一行人」進入「偉大的航路」，朝著祕寶ONE PIECE前進，登陸各式各樣的島上展開冒險。他們為了夢想和夥伴，不斷與掌控整座島的海賊、世界政府、海軍交戰、相遇以及離別。這部作品描寫立志「成為海賊王」的魯夫和他的「草帽一行人」夥伴，在大海賊時代展開大冒險的故事。

will

1

什麼是志向？

「我要成爲海賊王!!」

蒙其・D・魯夫（第一集　第五十七頁）

人物相關圖

佛夏村近海

紅髮傑克

- 紅髮海賊團的頭目，以佛夏村為據點旅行
- 為了解救魯夫脫離近海的王者，而失去左手臂

↓ 救助

魯夫
（當時六歲）

- 原本就很崇拜海賊
- 因為受傑克所救，便打從心底想成為像傑克一樣的男人

志向是自己的生存指引

各位現在的生活過得充實嗎？平常在工作上是否擔任要角、接下大案子、身負責任？你的時間在慌忙之中流失了嗎？

全力以赴完成眼前的事情很重要，但也不妨想想看，爲什麼要做這件事？你想要做出什麼樣的結果？今後又想繼續做什麼呢？

請回顧從以前到現在的經歷，試著問問自己想做什麼事，比方說有人想走行銷這條路。在這個思考過程中所找到的事物、顯示自己人生方向的事物就稱爲「志向」。

這名為「志向」的根基，會影響自己想做的事、自己的價值觀和判斷基準。

在我就讀的GLOBIS經營研究所中，對於今後如何生存的時代，很強調擁有志向的重要性。爲了讓各位對於志向擁有相同的理解，本書將志向定義爲以下：

「誓言花上一段時間賭上人生而追求的事物（目標）」

（田久保善彥《培養志向》（暫譯）東洋經濟新報社出版）

如果要用一句話說明什麼是「志向」，每個人的觀看角度和定義都不會一樣。有人認爲志向是人生最大的目標，也有人認爲是眼前的目標，各種想法都有。

來看看漫畫中的故事。紅髮海賊團出現在崇拜海賊的魯夫（當時六歲）所居住的村子裡。某天，魯夫被山賊綁走，帶到海邊。他們在那邊遇到近海的王者（巨大海洋生物）的襲擊，就在千鈞一髮之際，海賊團頭目「紅髮傑克」救了魯夫。

但是，傑克拯救魯夫的代價是被近海的王者奪走慣用的左手。雖然傑克失去了左手，但他不怪罪魯夫，反而還爲魯夫的生還感到高興。魯夫看到這樣的傑克，便崇拜起傑克的強大，打從心底希望成爲像傑克一樣的男人。

與紅髮海賊團道別時，魯夫說出他的宣言：「我要成為超越傑克你們的海賊王」。傑克聽了這句話便溫柔點頭，將時常使用的草帽交給魯夫，並與魯夫約定「等你成為優秀的海賊，我就會拿回來的」。

魯夫的夢想並非取得地位或名譽，而是要成為海賊王，創造自由的世界，所以他立下了成為海賊王的志向。後來，長大的魯夫帶著這個志向，展開浩大的冒險。

從生活中思考志向

你是為了什麼而生活呢？你都將時間花在什麼地方？你又是為了什麼而工作呢？為什麼不嘗試看看不一樣的生活？各位不妨也試著問自己這些問題吧。也許有人認為自己現在的生活很幸福，可以一輩子都做現在的工作。但應該也有人正考慮想轉換跑道。請為了自己的未來做出決定，並大聲宣誓吧。

請思考自己的興趣、從小到大隱藏的憧憬、能力所及的事、想改變的事，從生活中的一點一滴開始思考，決定目標並朝著目標努力。只要在這個過程中立下自己新的志向，接著就一心朝著這條路前進吧。

繼續在現在的工作努力當然也是一種志向。不需要在意其他人怎麼看你，朝著自己決定的道路前進，正是活出自我特色的途徑。

重點

請找出自己的志向，讓它成為接下來的生存指引。

『我要成爲「萬能藥」!!我要成爲能夠醫治任何疾病的醫生!!』

多尼多尼・喬巴（第十六集　第一百八十四頁）

人物相關圖

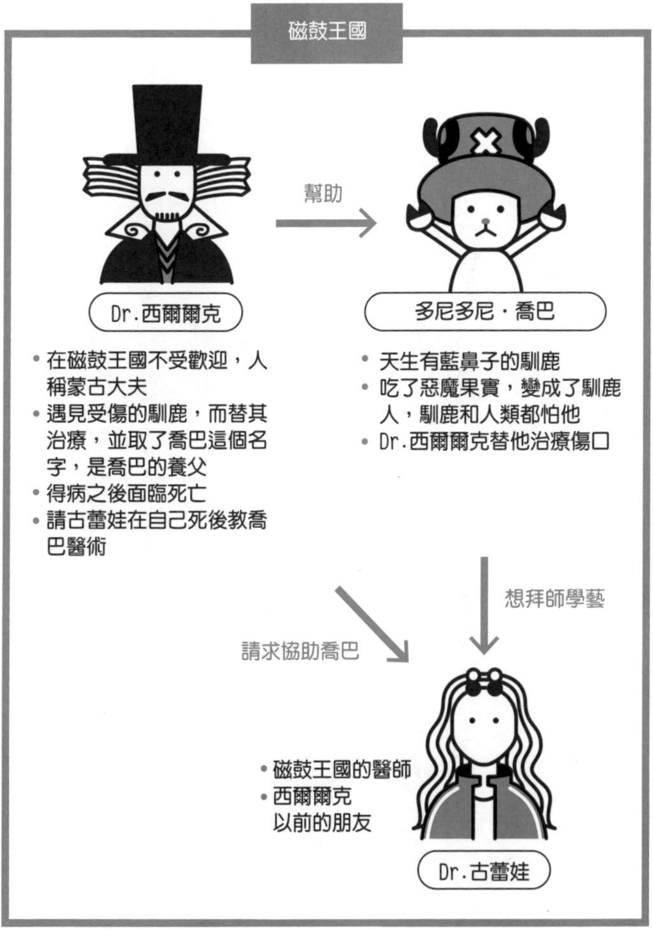
磁鼓王國
幫助
Dr.西爾爾克
• 在磁鼓王國不受歡迎，人稱蒙古大夫
• 遇見受傷的馴鹿，而替其治療，並取了喬巴這個名字，是喬巴的養父
• 得病之後面臨死亡
• 請古蕾娃在自己死後教喬巴醫術
多尼多尼・喬巴
• 天生有藍鼻子的馴鹿
• 吃了惡魔果實，變成了馴鹿人，馴鹿和人類都怕他
• Dr.西爾爾克替他治療傷口
想拜師學藝
請求協助喬巴
• 磁鼓王國的醫師
• 西爾爾克以前的朋友
Dr.古蕾娃

應該擁有什麼樣的志向？

前一節說明了立定志向的重要性，不過大多數的人在思考自己的志向是什麼時，會想不出有什麼大目標，或是不知道該決定什麼樣的志向。即使決定志向並邁步前進，也可能在聽了朋友或知名創業家的故事後，對他們遠大的志向感到驚訝，而覺得自己相形見絀。

其實，你不需要在意這種事。

也許你覺得很羨慕有人能賭上人生，立下遠大的志向，並朝著它前進。但是，有許多人想不到可以稱爲志向的事物，或是立下了志向卻認爲「這沒有志向那麼遠大」。

你不需要想著要立下遠大的志向或是令人驚嘆的志向。不妨從自己感興趣的事物、將來想做的事、身邊工作能力強的前輩或是在社群媒體看到令你崇拜的人身上開始，把他們當成目標來思考看看吧。

重要的是，**將自己喜歡而想做的事情與重視的事情訂為志向**。不需要和他人比較。

前一節已經看過魯夫的志向，現在我們來看看草帽一行人中的一人（一鹿？）

——多尼多尼・喬巴船醫。

馴鹿喬巴一出生就有藍鼻子，因此被父母討厭而放生。之後，喬巴吃下了惡魔果實，變成像人類一樣用兩隻腳走路，還會說話，結果被視爲怪物趕走。

想找到同伴的喬巴開始靠近人類，卻被人類懼怕而遭槍擊中受傷。身受重傷的喬巴偶然遇見蒙古大夫Dr.西爾爾克，便受到Dr.西爾爾克的保護。Dr.西爾爾克替喬巴治療，然後一起生活，讓喬巴不再感到孤單。

西爾爾克想以醫學拯救磁鼓王國，喬巴在與西爾爾克生活的過程中，出現了「想成爲醫生」的念頭。但西爾爾克卻受病魔侵蝕，最終因爲某起事件而喪命。

本節開頭的台詞中，喬巴對著Dr.古蕾娃強烈地說「想成爲萬能藥」，請求拜師學藝。喬巴在Dr.西爾爾克死後，繼承了他的遺志，學習醫術，多年後遇上魯夫等人，擔任船醫的角色。

喬巴經歷悲壯的體驗才擁有明確的目標，但就算不是如此也無妨。我在重複說一遍，你不需要突然立定遠大的志向，請從生活中的一點一滴開始思考你的興趣、憧憬、重視的事。

- 想學新技術
- 想發明新產品、新服務
- 想做出顯著成果

- 想升職肩負重要位置
- 想成為厲害的領導者
- 想改變、改善世界
- 想幫助人
- 想走出理想的人生

每個人都有不同的想法。

不要在意別人怎麼看你，請朝著自己決定的道路前進。

重點

志向因人而異，請先從自己的興趣開始尋找。

「怎麼會這樣呢……就算差再多，也不可能會這麼離譜吧！」

羅羅亞・索隆（第六集　第一百三十一頁）

人物相關圖

東方藍上的船
草帽一行人中的成員
與朋友約定要成為世界第一的劍客
以密佛格為目標
羅羅亞・索隆
VS
世界最強的劍士
鷹眼密佛格
（王下七武海）

朝著志向前進，能看見與目前的差距

擁有志向能使人看清楚達成目標的道路，也能明確知道在往目標前進的過程中所需要的能力。

我們來看看漫畫內容。

魯夫最早的夥伴是劍士羅羅亞・索隆，他的志向是「成爲世界第一的劍客」。索隆從少年時期就抱持著這個志向。爲了實現它，索隆磨練劍術，以「海賊獵人索隆」之名號成長爲受人懼怕的對象。要成爲世界第一的劍客，需要具備劍術技巧、洞悉對手行動的觀察力、體力、腕力、速度、戰鬥經驗等等。

現階段擁有這些能力、被視爲世界第一劍客的人，是王下七武海的「鷹眼密佛格」。索隆出發尋找鷹眼密佛格的過程中，遇見了魯夫，成爲魯夫的夥伴。

後來，索隆在東方藍上的船，偶然遇見密佛格，便向他提出挑戰。持續修行且身經百戰的索隆應該很有自信，認爲自己一定能和密佛格一戰。

然而，即使索隆全力挑戰，密佛格只用一把小刀就輕鬆擋下攻擊，打敗了索隆。索隆的力量完全不敵密佛格的強勁。

本節開頭的台詞，出現在索隆與密佛格的戰鬥中，是索隆深切感受到自己與目標的差距時，吐露的心聲。索隆至今打敗過各式各樣的敵人，但卻慘敗給目標密佛格。

雖然索隆差點賠上性命，但能夠深切感受自己與世界第一劍客的差距。這麼一來，索隆就明白了自己今後該精進到什麼程度。

我們可以說正因爲索隆懷抱著志向挑戰目標，才能深切感受到與目標的差距。

像這樣訂定具體的志向和目標，然後朝著它前進，就能看到自己需具備的能力。面對新工作以及需要高技術的業務，有時候也會失敗。這時候要確實檢討反省，思考該怎麼做，才能把事情做好，並找出自己的不足之處。

透過這個札實的步驟，就能一步一步更接近你的志向。

先立定好目標之後，請留意現在的自己與目標之間的差距，並著手拉近這個差距。

重點

在懷抱著志向靠近目標的過程中，精進自我吧。

結語

當我針對對工作產生影響的漫畫進行問卷調查時，有一個人這樣回答我：

「高學歷的人應該不會受到漫畫的影響吧？」

身為漫畫迷的我感到相當震驚。

不過，實際上看了調查結果，我發現不論是東大畢業生，還是有留學經驗的人，他們都曾受到漫畫影響。

我朋友的兒子因為看漫畫而決定未來志向是從事太空相關的工作，現在在美國名校攻讀太空工程。可見，不論學歷和身分為何，漫畫都是對工作產生重大影響的最棒媒介。

從這些事實來看，除了可以說「漫畫是可以學習的媒介」，更重要的是「無論任何媒介，我們都想從中學習的心態」。

本書的目的不是只從漫畫中學習籠統的知識，而是希望不論任何人，都能學習商務人士所必備的技能——ＭＢＡ。

目前日本國內每年約有兩千五百人學習ＭＢＡ，而美國則是每年有六萬至十萬人在學習ＭＢＡ。

這個學習並運用商業方法論的人數差距實在不小呢。如果能從許多人平常閱讀的漫畫中學習商業方法論，那麼就可以縮小這個差距吧。本書正是懷抱著這樣的志向。

最後，藉此場合感謝ＧＬＯＢＩＳ經營研究所的田久保善彥先生，您給予我機會研究漫畫以及建議我「把自己當成笨蛋」，也感謝神吉出版社的渡部繪理小姐與鎌田菜央美小姐長達三年的共事。

二〇二〇年九月　上野豪

協力執筆者介紹

笠野Aya野

慶應義塾大學文學院美學美術史學專攻、GLOBIS經營研究所畢業（MBA）。曾在網路製作公司擔任導演、專案經理，經手大型製藥公司的案件，現於大型電商公司從事客戶通訊設計與改善。擅長建構UI、UX和流量分析，經常以「對用戶而言是否必要、是否淺顯易懂」的觀點進行製作。喜歡的漫畫是《境界觸發者》、《BASARA婆娑羅》，最近關注的漫畫是《與妖為鄰》（暫譯）。

中川慶孝

早稻田大學教育學院教育學系、GLOBIS經營研究所畢業（MBA）。在富士通株式會社從事公共團體企劃提案、服務企劃營運業務。現負責5G時代的新事業企劃、新事業模型規劃。正在著手改善自家公司的事業模型。
喜歡的漫畫是《DAYS》，最近關注的漫畫有《二月的勝者—絕對合格教室—》、《左撇子艾倫》。

黑崎紫

立教大學經濟學院經濟學系、GLOBIS經營研究所畢業（MBA）。曾在紡織製造業從事接客銷售、店鋪管理、人才教育，後來進入日本Access工業株式會社，該公司在關東郊區經營高速公路維護事業。他本身負責提升勞動環境，以及檢討勞務管理，例如：改善內勤業務的效率、修改就業規則和薪資體系，並導入新的人事考評制度等。此外致力於成立集團子公司。為株式會社Access東京代表取締役。
喜歡的漫畫是《魔法少年賈修》、《鋼之鍊金術師》、《銀河英雄傳說》。

圖書館出版品預行編目資料

漫畫學 MBA 學：從 9 部大家熟知的漫畫學習
 知識入門／上野豪著．張瑜庭譯．-- 初版
臺北市：書泉出版社，2021.08
面；　公分．
自：神マンガのストーリーで学ぶ MBA 入門
BN 978-986-451-230-0（平裝）
企業管理 2. 企業經營
110009350

3M8G

看漫畫學 MBA 學：從 9 部大家熟知的漫畫學習 MBA 知識入門

作　　者— 上野豪
發 行 人— 楊榮川
總 經 理— 楊士清
總 編 輯— 楊秀麗
主　　編— 侯家嵐
責任編輯— 鄭乃甄
文字校對— 許宸瑞
封面設計— 王麗娟
出 版 者— 書泉出版社
地　　址：106台北市大安區和平東路二段339號4樓
電　　話：(02)2705-5066　　傳　　真：(02)2706-6100
網　　址：https://www.wunan.com.tw
電子郵件：shuchuan@shuchuan.com.tw
劃撥帳號：01303853
戶　　名：書泉出版社

總 經 銷：貿騰發賣股份有限公司
地　　址：23586新北市中和區立德街136號6樓
電　　話：886-2-82275988　傳　真：886-2-82275989
網　　址：www.namode.com

法律顧問　林勝安律師事務所　林勝安律師

出版日期　2021年8月初版一刷
定　　價　新臺幣320元